ABHANDLUNGEN ZUR
THEORIE DER ORGANISCHEN ENTWICKLUNG
ROUX' VORTRÄGE UND AUFSÄTZE ÜBER ENTWICKLUNGS-
MECHANIK DER ORGANISMEN · NEUE FOLGE

HERAUSGEGEBEN VON

H. SPEMANN　　W. VOGT　　B. ROMEIS
FREIBURG I. B.　　MÜNCHEN　　MÜNCHEN

HEFT III

ONTOGENIE UND PHYLOGENIE

DAS SOGENANNTE BIOGENETISCHE GRUNDGESETZ
UND DIE BIOMETABOLISCHEN MODI

VON

Professor Dr. V. FRANZ
IN JENA

SPRINGER-VERLAG BERLIN HEIDELBERG GMBH
1927

ISBN 978-3-662-34241-1   ISBN 978-3-662-34512-2 (eBook)
DOI 10.1007/978-3-662-34512-2

Vorbemerkungen.

„Die Ontogenie ist eine kurze und schnelle Rekapitulation der Phylogenie", oder das Jugendstadium gleicht bis zu gewissem Grade dem Ahnenstadium; das ist bekanntlich das „Haeckelsche biogenetische Grundgesetz", für weite Kreise das bekannteste oder das einzige ihnen bekannte „Gesetz" der Biologie. Auch unter dem Namen Rekapitulationsgesetz ist es bekannt. Der Mensch macht als Embryo ein Fischstadium durch; als Neugeborener hat er affenartige Beinhaltung, und bevor er sprechen lernt, sind seine Laute den tierischen ähnlich; seine geistige Entwickelung muß auf der Kindheitsstufe in mancher Hinsicht geschichtliche, überwundene Stadien durchmachen, — diese Vorstellungen sind geläufig. Nach Herodot wollte ein ägyptischer König die Ursprache der Menschheit ermitteln. Das erste Wort, welches Säuglinge lallten, war ein phrygisches, „bekkos" (Brot): demnach sollte das Phrygische die Ursprache der Menschheit sein.

Karny, dem ich diese Geschichte entnehme, und der gegen das BG noch heute keine Bedenken hat, meint, daß dieses Gesetz „vollständig unserem natürlichen Denken entspricht"[1]). In der Tat spricht es einen gefälligen Parallelismus aus: zwei „Entwickelungen", die onto- und die phylogenetische, gehen parallel. Das ist unserem Denken sympathisch oder bequem, mag es auch in kausaler Hinsicht rätselhaft erscheinen. Oder vielleicht ist es nicht einmal schwer zu begründen? Da der Endpunkt beider „Entwickelungen", z. B. der Ahnenreihe des Menschen und der menschlichen Ontogenese, identisch ist, da womöglich auch beide ungefähr gleichen Anfang haben (Urzelle = Eizelle, oder doch Uranfang == gestaltlos und eventuell klein), so mag eine gewisse Gleichheit der Zwischenstadien zunächst wahrscheinlicher erscheinen als die Ungleichheit. Und wenn an Embryonen scheinbar Unbegründetes, an sich Un-

---

[1]) Karny, H. H.: Die Methoden der phylogenetischen (stammesgeschichtlichen) Forschung. In Abderhaldens Handbuch der biologischen Arbeitsmethoden Abt. IX, Teil 3, Heft 2.

erklärtes auftritt, wie Kiemenspalten und Schwanz beim Menschen, so gibt der Hinweis auf die so ausgerüstet gewesenen Ahnenstadien eine gewisse Erklärung an die Hand, da jedermann bekannt ist, daß am Individuum Ererbtes auftreten kann. Allerdings nicht nur beim jugendlichen, — doch darüber sieht man hinweg; wir könnten doch nicht etwa im Alter den Tieren ähnlicher werden? Jene eine Erklärung, eigentlich nur ein Schimmer von einer solchen, scheint sofort einzuleuchten, weil sie mehr befriedigt als keine.

So etwa dürfte es sich erklären, daß heutzutage das BG leicht eingeht und in weiten Kreisen bekannt ist. Für den Botaniker und Zoologen kommt hinzu, daß ihm eine Unzahl von Beispielen zur Hand sind, die er im Sinne dieses „Gesetzes" aufzufassen pflegt: einige Kakteen haben normale Keimblätter, Lärchenkeimlinge haben keinen Laubfall, usw. usw.

In der wissenschaftlichen Diskussion jedoch hat das BG auch bestimmte Einwände und viele allgemeine Bemängelungen erfahren, und sicher nimmt die Zahl und das Gewicht der Bedenken gegenwärtig zu und befriedigt das BG auch seine Verteidiger meist nur noch teilweise oder gar nur wenig. Unter anderem hat man den Ausdruck „Gesetz" entschieden bemängelt, und Plate spricht konsequent nur von der „biogenetischen Regel"[1]). Diese Sachlage drängt zu einer Untersuchung, was denn nun eigentlich an dem BG dran ist, und darüber hinaus zum Versuche, das tatsächliche Verhältnis zwischen Onto- und Phylogenie möglichst entsprechend heutiger Kenntnis zu erfassen und zu formulieren. Wir wollen versuchen:

1. das BG inhaltlich so präzise wie möglich zu verstehen,
2. seinen Wert richtig und kritisch einzuschätzen, und
3. eine Formulierung zu finden, die dem heutigen Stande der Wissenschaft besser angepaßt ist als das BG.

---

[1]) Artikel Deszendenzlehre im Handwörterbuch der Naturw., Jena 1912.
— Die Abstammungslehre (Leitfaden), Jena 1925.

1. Die Geschichte und die eigentliche Meinung des BG.

Beginnen wir mit der Frage, wie ist man denn zu dem BG gekommen? Man könnte kurz antworten: durch Umformung eines alten, knappe Kenntnis zusammenfassenden Satzes. Die Rekapitulationslehre oder ihre Haeckelsche Formulierung, das BG, wurzelt hauptsächlich in der vordeszendenztheoretischen Lehre vom Parallelismus zwischen „Tierreihe" bzw. „Stufenfolge der Dinge" und Embryonalentwickelung. Soviel ist allbekannt.

Die ursprüngliche Meinung und Bedeutung der Parallelismuslehre liegt jedoch dem heutigen Denken bereits etwas fern.

Die „Stufenfolge" vom „Niederen" oder „Unvollkommeneren" zum „Höheren" oder „Vollkommneren" war bekanntlich eine primitive Systematik und Naturphilosophie, eine meist einreihig-unverzweigt gedachte Anordnung der Naturgebilde nach sehr subjektiven Gesichtspunkten. Sie hatte hohe Geltung besonders im 17. und 18. Jahrhundert, wurde als Einteilungsprinzip verdrängt durch die an Schärfe und Objektivität weit überlegene Systematik Linnés (1753 und späterhin), behielt aber ihre Geltung als eine Art Naturphilosophie noch etwa ein knappes Jahrhundert lang und verlor diese erst durch den Sieg des Deszendenzgedankens bis auf Rudimente. Ontogenetische Betrachtungen fügten nun etwa um 1800 herum[1]) der Stufenfolgelehre den Gedanken hinzu, der zunächst eine wesentlich andere Struktur hatte als das heutige BG, daß jedes Lebewesen in seiner Entwickelung über den Zustand, den das nächstniedere als definitiven erreicht, hinausschreite bis zu dem seinigen und somit die niederen Stufen durchlaufe. Wir fühlen wohl richtig heraus, wie sehr es befriedigen mußte, in den Ontogenesen diese Steigerung von Typus zu Typus zu finden, die im Einklang wäre mit dem Stufenfolgesystem. Erhielt doch dieses System (diese Naturphilosophie) damit

---

[1]) Die erst von Haeckel stammenden Worte Ontogenie, Phylogenie usw. seien auch im historischen Abschnitt gestattet, weil bekanntlich ihr Vorzug ihre Verwendbarkeit ist.

scheinbar neue Begründung, die Stufenfolge der adulten Zustände ihre ursächliche Erklärung und der unscharfe Begriff des „höheren" Wesens ein Kriterium mehr. Der Parallelismus zwischen der individuellen und der idealistischen „Metamorphose" wäre die direkte Folge solcher Abstufung der Ontogenesen und konnte aus ihr erklärlich erscheinen bis zur Evidenz.

Manche Vergleichung war für heutige Auffassung noch unsagbar oberflächlich: Mensch und Vogel sollten in ihrem ersten Zustand pflanzenähnlich sein (Kielmeyer 1793), die Frösche ein Molluskenstadium durchlaufen (Tiedemann 1808), die Schmetterlinge als Puppe ein Krebsstadium (Oken), usw. Doch hält die Vergleichung von Insektenraupe und „Wurm" bis zu gewissem Grade stand, und an den Wirbeltieren legte Meckel besonders 1821 an den einzelnen Organsystemen mit gründlicher Kenntnis, und in vielem zutreffend, die weitgehende „Gleichung zwischen dem Embryozustande der höheren Tiere und dem permanenten der niederen" dar[1]: Er spricht die hohe Befriedigung darüber, daß durch die Gleichung die Formenreihe und die Ontogenie (sowie auch die Hemmungsmißbildungen) „aufeinander zurückgeführt werden können", deutlich aus, muß aber diese Lehre bereits einschränken durch die Worte: „dem Wesentlichen nach" (Sperrdruck im Orig.) und gegen Angriffe verteidigen.

Bald folgte die Entdeckung der Kiemenspalten an Säugetier- und Vogelembryonen (Rathke 1825). Augenscheinlich besonders mit dem Hinabsinken der niederen Stufen in die Embryonalperiode in diesen und den sonstigen schlagendsten Beispielen verlor der Parallelismus allmählich viel von seiner einfachen Erklärlichkeit im alten Sinne, während die wachsende Deszendenzlehre die „Tierreihe" zur Ahnenreihe machte und den Parallelismus übernahm als einen der Beweispunkte der Blutverwandtschaft, als erklärbar durch Abstammung und Vererbung und somit als phyletische Erklärung für sonst nicht weiter erklärbare Embryoneneigentümlichkeiten.

Nicht das logisch Wesentlichste ist hierbei, wie man oft meint, daß die Tier- bzw. Ahnenreihe unterdessen allmählich und besonders bei Haeckel eine verzweigte wurde, ein Stammbaum, obwohl diese Berichtigung die Deszendenzlehre wesentlich klärte. Interessant ist jedoch, daß

---

[1] Meckel, J. F.: System der vergl. Anat., Bd. 1, S. 396, 409. 1821. Zutreffend sind Meckels Vergleichungen allerdings fast nur, soweit sie höhere und niedere Wirbeltiere betreffen.

dem nunmehrigen, phyletischen Parallelismus zwischen Jugend- und Ahnform (Rekapitulationslehre) wenigstens seit Haeckel nicht mehr die alte Begründung gegeben wird, denn die würde lauten: das BG beruht darauf, daß die Deszendenten in ihrer Ontogenese über den Endzustand der Ahnen hinausschreiten. Nur damit wäre das BG voll begründet oder erklärt, und somit ist es begründet erklärt, evident und Tatsache oder Gesetz, insoweit solch ontogenetisches Hinausschreiten Tatsache ist oder Gesetz wäre. Der Gang der Geschichte hat nicht zu dieser Formulierung geführt, sondern zu derjenigen, die diesen Aufsatz eröffnet, und die eine so geringe Kausalevidenz hat, daß sie Bemühungen, die Kausalverständlichkeit des in ihr behaupteten Sachverhaltes zu vertiefen[1]), veranlaßt.

Übrigens lassen sich die einzelnen Gedankengänge in der Geschichte nicht ganz voneinander trennen und auf Jahreszahlen festlegen. Deszendenztheoretische Betrachtungen im weiteren Sinne gab es ja schon lange vor 1800 und im weitesten Sinne schon bei den Griechen, wo um 600 v. Chr. Anaximander die ersten Menschen aus mehr oder weniger fischähnlichen, wasserlebigen Wesen entstanden sein ließ. Auch wird die Parallelitätslehre wie so vieles „schon bei Aristoteles" nachgewiesen. Im Grunde hat man also wohl jederzeit schon einmal ungefähr zum heutigen BG kommen können, wie denn Herodots „ägyptischer König" offenbar eine sprachunfähige Urmenschheit und einen Parallelismus der onto- und der phylogenetischen Sprachenentwickelung annahm. Daß aber in der Forschung das BG hauptsächlich auf die Parallelismuslehre von etwa 1800 zurückgeht, ist, wie gesagt, unumstritten und uns aus der hohen Bedeutung, die der letzteren beigelegt wurde, erklärlich.

Wenn wir diesen Übergang nun genauer betrachten, so bemerken wir allerdings — und das ist wesentlich — daß damals schon einige scharfe Beobachter versuchten, dem tatsächlichen Verhältnis zwischen der Ontogenie und den adulten Formen besser oder vollständiger gerecht zu werden, was nicht ohne Einfluß blieb. Besonders Karl Ernst von Baer (1828) ist jedem Biologen u. a. dadurch bekannt, daß er nicht eine Ähnlichkeit des Embryos mit dem Volltier einer niederen Stufe anerkannte, sondern bloß eine Ähnlichkeit der Embryonen unter-

---

[1]) Roux, W.: Die Entwickelungsmechanik. Vortr. u. Aufs., I. Leipzig 1903. S. 253. — Plate, L.: Allgem. Zoologie und Abstammungslehre, Bd. 2, S. 773. Jena 1924.

einander, die auf um so früheren Embryonalstadien zu suchen sei, je weiter die zugehörigen Volltiere voneinander verschieden sind („Baersches Gesetz")[1]). Wir wollen uns sogleich gegenwärtig halten, daß das für viele Fälle durchaus zutrifft: alle Tiere sind einander auf dem Stadium des Eies, demnächst auch der Blastula (Baersche Blase) und Gastrula noch ähnlich, aber nur die Wirbeltiere machen späterhin übereinstimmend das sogenannte Fischstadium durch; z. B. alle höheren Insekten dagegen (oder wenn man so sagen will, statt dessen) das Ur-Insekten- oder Apterygotenstadium. Und z. B. in der Ontogenie der Säuger gleicht das Fischstadium nicht einem Fisch, sondern viel eher einem Fischembryo, — denn wir haben als Embryonen ja nicht Kiemen, sondern bloß wenig gestaltete Kiemenspalten (Schlundlöcher)[2]) wie der Fischembryo. Ins Phyletische übertragen, d. h. die Fische für die Ahnen der Säuger erachtend, bedeutet dies keine Rekapitulation, kein Durchlaufen von Ahnenvolltierstadien, nicht einmal von Ahnenstadien überhaupt, sondern ein Abweichen der Deszendenten von den Ahnen, welches in der Ontogenie je Stadium sich steigert und Embryonenähnlichkeit übrigläßt.

Dieser Einwand gegen das BG[3]) ist noch heute der relativ häufigste und einer der präzisesten, doch die Erfahrung zeigt, daß er gerade von intensiv am Objekt arbeitenden Phyletikern nicht leicht voll erfaßt wird, was seine Gründe hat, die wir später erläutern werden (S. 23). Darwin stand in seinem nachgelassenen Entwurf von 1842 entschieden bei der Annahme bloßer Embryonenähnlichkeit, vermutlich unter Baers Einfluß[4]); in dem nachgelassenen Entwurf von 1844 ist er darin nicht ganz so entschieden; in „Origin of Species" (1859) hielt er es mehr mit der Rekapitulationslehre, und zwar unter dem Einfluß von L. Agassiz (1857), und in späteren Auflagen seines berühmten Buches ist das Ka-

---

[1]) v. Baer, K. E.: Über Entwickelungsgeschichte der Tiere. Beobachtung und Reflexion. 1828. — Als Vertreter ähnlicher Ansichten werden genannt: Feiler 1820, Karl Vogt 1851, Chambers 1857 und Owen. Über Darwin s. u.

[2]) Zum Teil bleiben es sogar wohl nur Schlundtaschen („Kiementaschen").

[3]) Karl Ernst v. Baer stand dem Deszendenzgedanken skeptisch gegenüber. Bei ihm war es also nicht ein Einwand gegen die Rekapitulations-, sondern gegen die Parallelismuslehre.

[4]) „Es ist nicht wahr, daß eine von ihnen direkt durch die Form einer tieferen Gruppe hindurchgeht, doch besteht kein Zweifel, daß es Fötalstadien gibt, die die nächste Verwandtschaft mit Fischen zeigen." (S. 75/76 der 1911 bei Teubner erschienenen M. Semonschen Übersetzung „Die Fundamente zur Entstehung der Arten".)

pitel über die Embryologie in Anlehnung an K. E. v. Baer und Fritz Müller bearbeitet.

Bei Fritz Müller (1864) stoßen wir auf eine Lehre, die auf Haeckel stärker eingewirkt hat als diejenige Baers. Genauer betrachtet, kommt sie in ihrem Hauptteil für uns hinaus auf eine einfache Synthese jener zwei sich bekämpfenden Auffassungen der Rekapitulation und der Embryonenähnlichkeit (des Abweichens): „Die Nachkommen gelangen zu einem neuen Ziele entweder, indem sie schon auf dem Wege zur elterlichen Form früher oder später abirren, oder indem sie diesen Weg zwar unbeirrt durchlaufen, aber dann statt stille zu stehen noch weiter schreiten." Zugleich bezeichnete F. Müller dieses Gesetz als „kein strenges", denn in der Embryonalentwicklung werde die geschichtliche Urkunde „allmählich verwischt" durch Abkürzung und „häufig gefälscht" durch (hier hören wir den Darwinjünger) „den Kampf ums Dasein, den die freilebenden Larven zu bestehen haben"[1]. Dies ist das wesentlichste unter den theoretischen Ergebnissen, zu welchen Müller in seiner von Haeckel mit Recht hoch gerühmten, später nur noch wenig gelesenen Schrift „Für Darwin" kam, einer kleinen Monographie der ontogenetischen Metamorphose der Krebse mit Erörterung des mutmaßlichen Crustaceenstammbaumes. Es sei übrigens erwähnt, daß nach Müller das Nauplius-, Zoea- und *Mysis*-Stadium, die heute als Larvenformen von Krebsen, manchmal ontogenetisch aufeinanderfolgend, bekannt sind, die aufeinandergefolgten Ahnentypen der höheren Krebse sein sollten, was wir heute großenteils bezweifeln (siehe unten), aber bezüglich des *Mysis*-Stadiums im Sinne der Rekapitulationslehre (BG) aufrecht erhalten dürfen.

Indem nun Haeckel sich die Müllersche Theorie voll anerkennend zu eigen zu machen suchte, kam die Fassung heraus, die zum Gemeingut der ihm Gefolgschaft leistenden Biologen wurde, und wissen wir daher bis auf den heutigen Tag neben dem BG stets sogleich die Abweichungen in Haeckelschen Worten zu nennen. Haeckels Satz: „Die Ontogenesis ist eine kurze und schnelle Rekapitulation der Phylogenesis"

---

[1] Der erste, oben wörtlich angeführte Satz ist bei F. Müller vollständig gesperrt gedruckt. Der Inhalt des obigen zweiten Satzes ist in einem wenig weitläufigeren Satze F. Müllers enthalten, die Worte „verwischt" und „gefälscht" haben dort Fettdruck. Übrigens findet sich das Wort „verwischt" in ähnlichem Sinne bei Darwin 1859 in der Bronnschen Übersetzung von 1860, die F. Müller benutzte.

(Generelle Morphologie, 1866, Bd. II, § 41, S. 300, ähnlich später an anderen Stellen), im wesentlichen eine präzise Fassung der Rekapitulationslehre, doch schon im Sinne der gewöhnlich embryonalen Rekapitulation gehalten („kurze und schnelle"), erhielt den Zusatz (ebenda § 44, hier gekürzt): „Die vollständige Wiederholung wird gefälscht und abgeändert durch Anpassung."

Den ersten Satz nennt Haeckel später das „biogenetische Grundgesetz" (Kalkschw., Bd. I, 1872, Seite 471, Gastraea-Theorie, Jen. Zeitschr. 8, 1874, u. a. and. O.) und „das wichtigste allgemeine Gesetz der organischen Entwickelung" (Nat. Sch. [10. Aufl. 1902] Kap. 13). Der zweite oder Zusatz lautet später dahin, daß die „Palingenesis" getrübt werde durch die „Cänogenesis". Die Ontogenese einer Tierart verläuft also nach Haeckel „palingenetisch" oder der Phylogenese „treu" und zugleich „cänogenetisch" oder von reiner Rekapitulation abweichend: eine reine Palingenesis gibt es „streng genommen niemals" (Nat. Sch. Kap. 13). — Die Palingenesis beruhe auf Vererbung, die Cänogenesis auf Anpassung (welche hauptsächlich durch Selektion im Kampf ums Dasein erreicht wird).

Das Verhältnis der Haeckelschen zur Müllerschen Theorie ist komplizierter, als es auf den ersten Blick scheinen kann. Müllers Theorie hatte noch hohen Erklärungswert. Sie führt die Phylogenie auf die Ontogenie zurück, indem sie die phyletischen Änderungen aus zwei einfachen Änderungsarten der Ontogenesis resultieren läßt, Hinausschreiten und Abirren. Das Abirren war gemeint als ein je Stadium zunehmendes, also im Prinzip wie bei K. E. v. Baer. Außerdem irren die Larven extra ab durch Anpassung im Kampf ums Dasein. So strebt Müllers Theorie kausales Verstehen an, kann allerdings den Grad Evidenz wie scheinbar einst die alte Parallelismuslehre nicht mehr erreichen. Denn warum das eine Mal hinausgeschritten, das andere Mal abgewichen werde, und warum überdies die Ontogenese „abgekürzt" („verwischt") werde, vermag der Forscher nicht mehr zu erläutern. Das darin verarbeitete Mehr an Kenntnissen spottete einstweilen des menschlichen Kausalitätsdranges wie größtenteils heute noch. Haeckels Theorie ist zum Teil wiederum eine Synthese der Müllerschen, da sie das „Entweder-Oder" Müllers ersetzt durch die Auffassung, daß Palin- und Cänogenese stets zusammenwirken. Das ist zwar nicht in einer präzisen Formel gesagt, aber, wie wir sahen, ein wesentlicher Punkt der Haeckelschen Meinung.

Dabei deckt sich jedoch der Begriff Palingenesis bei Haeckel und demgemäß bis auf den heutigen Tag mit dem einer Rekapitulation infolge Müllerschen „Hinausschreitens" nur wenig; denn dieses war noch gemeint als ein Hinausschreiten über das Ahnen-Volltierstadium, Haeckel aber, dem besonders solche Beispiele wie die Gastrulation, embryonale Chorda und Kiemenspalten, der Schwanz des menschlichen Embryos u. dgl. vor Augen standen, meint offenbar auf Grund dieser Beispiele, daß die Ahnentypen in frühe ontogenetische, oft embryonale Stadien verkleinert hineinverlegt seien, wie denn auch heut noch diese Auffassung die verbreitete ist. Da dieser Vorgang nicht ohne weiteres kausal verständlich wäre, tritt an Stelle der Erklärung durch Hinausschreiten die Erklärung durch „Vererbung", einen viel weniger durchsichtigen Begriff, den Darwins Selektionslehre in die Biologie eingeführt hatte. Schon darin enthält Haeckels Theorie im Vergleich mit der Müllerschen einen neuen Verzicht auf kausale Evidenz. — Haeckels Cänogenesis umfaßt ferner das „Abirren" auf jedem, sei es embryonalem oder späterem Stadium. Dabei ist jedoch der Fall des je Stadium zunehmenden Abirrens oder des „Baerschen Gesetzes" sichtlich nicht in Betracht gezogen, also nur des Extra-Abirrens — wie wir es nannten — gedacht. Und auch in dieser Beziehung meint Haeckel nicht wie Müller das Abirren von der Ontogenese der Ahnen, sondern ein Abirren von der adulten Ahnenreihe. Für Müller bzw. im Falle reinen Hinausschreitens über die adulten Ahnentypen wäre das zwar noch eines und dasselbe; mit Haeckels Palingenesisbegriff wurde es jedoch begrifflich zweierlei, und sicherlich in dem Wunsche, die Ahnenreihe zu ergründen, ist der Cänogenesisbegriff auf die Vergleichung mit ihr zugespitzt. Auch das bedeutet einen starken Verlust der Theorie an kausaler Evidenz, da zwischen adulter Ahnenform und späterer Ontogenese ein direkter Zusammenhang nicht besteht. — Müllers „verwischt durch Abkürzung" steht natürlich auch in Haeckels Worten „kurze und schnelle Rekapitulation" sowie in dem mehrmals angewandten Ausdruck „Auszugsentwickelung" für Palingenesis (Cänogenesis = „Störungsentwickelung").

Die eigentliche Meinung der Haeckelschen Theorie ist also, daß in der Ontogenie besonders auf frühen Stadien die Reihe der Ahnenformen, zu Embryonalstadien verkleinert, auszugsweise wiederkehre (BG), durch Anpassung verändert (Cänogenesislehre).

Der entscheidende Punkt, der den Unterschied der Haeckelschen

Theorie in bezug auf Meinung und Evidenz gegenüber Müller bedingte, ist und bleibt demnach der Begriff Palingenesis durch die mit ihm verbundene Vorstellung, daß die Ahnenformen meist in ontogenetisch frühe, oft embryonale Stadien der Deszendenten verkleinert hineinverlegt seien.

Wir werden im folgenden Kapitel sehen, daß das nicht der Fall ist, sondern hiergegen Müller Recht behält (Hinausschreiten und Abirren) sowie pro sua parte Baer (je Stadium zunehmendes Abirren mit dem Erfolg der Embryonenähnlichkeit).

Natürlich heißt das noch nicht, daß das BG unrichtig sei, denn reines ontogenetisches Hinausschreiten über andere („niedere") Formen ergibt auch das, was das BG sagt (Rekapitulation), nur ohne die Zurückverlegung in frühe Stadien, die in der Tat nicht stattfindet (siehe unten). Es mag nun schwer zu entscheiden sein, inwieweit sich der bis auf den heutigen Tag immer wieder hervordrängende Eindruck, es seien doch in der Regel adulte Ahnenformen bei den Deszendenten in die Embryonalstadien verlegt, z. B. der Vogel sei als Embryo im wesentlichen Reptil, auf dem Gewicht Haeckelscher Diktion beruht, und in wieweit umgekehrt schon die Haeckelsche Auffassung auf der Stärke dieses Eindrucks seit Meckel. Sicherlich kommt beides zusammen. Obwohl aber diese Vorstellung irrig war und in Zukunft aufgegeben werden muß, ist es erklärlich, daß sie Bestand hatte. Denn wie wir sehen werden, hat sie der phyletischen Forschung oder Stammbaumergründung nicht, jedenfalls nicht in dieser Hinsicht, geschadet. Dagegen hat Haeckels biogenetische Theorie oder das BG mit dem Zusatz der Cänogenesislehre diesem Forschungszweig sehr genützt, wie sie denn auch nur auf ihn zugeschnitten war. Der vergleichend arbeitende oder vergleichend-phyletisch schlußfolgernde Biologe empfindet nicht leicht Bedenken gegen Haeckels Theorie, erst dem entwickelungsmechanisch arbeitenden und kausal-phyletisch schlußfolgernden müssen solche aufsteigen.

Auf einem anderen Blatte stehen die Bedenken kritisierender Theoretiker. Die Formulierungen Haeckels waren nicht in jeder Hinsicht glücklich. Ich brauche nicht zu reden von dem einem Haeckel manchmal verübelten Ausdruck „gefälscht", den wir, wie wir sahen, in Wahrheit dem immer nur gelobten „Fürsten der Beobachter" (F. Müller) verdanken. Ich will nicht eintreten in die Frage, ob die Haeckelsche faßliche Kürze hier ein Vorzug oder nachteilig war. Aber Gesetz und Zusatz, das ist als Formulierung Mangel, ein Kleben daran, daß man vorher nur jenes „Gesetz" hatte. Der Haeckelschen Meinung nach liegt die Sache vielmehr so: wenn, oder in dem Sinne wie, die Palingenesis „Gesetz" ist, „biogenetisches Grundgesetz", ist die Cänogenesis gleichfalls „Gesetz", von gleicher Wichtigkeit, sie wäre etwa das „biometabolische Grundgesetz", und diese beiden „Gesetze" interferieren ständig miteinander. Daß dem Wortlaute nach das BG „Grundgesetz" sein sollte, hat zur Folge, daß nun von anderer Seite die Cänogenesislehre ihm entgegengehalten wird! Die Cänogenesisbeispiele wurden zu „Ausnahmen" des BG erhoben[1]), und Tschulok empfindet auf der letzten Seite seines Werkes sonst angenehm scharfsinnigen Buches diese „zwei Seiten" (Haeckel) des Gesetzes als „Komik"[2]). Er sieht wohl nicht, daß das nur die Formulierung trifft und weder die Meinung noch ein etwaiges Mißverhältnis zwischen dieser und den Tatsachen.

Wir können hier noch nicht prüfen, ob das BG ein „Gesetz" ist, aber so viel sagen, daß es nach Haeckels Meinung ausnahmslos Geltung haben sollte neben der Cänogenesis. —

Schließlich hat die geringe oder mangelnde Kausalevidenz des BG es zugelassen, daß seit einer bestimmten Zeit anstelle einer wirklichen Kausalerklärung ein Haeckelsches Wort treten wollte, das sehr anfechtbar bleibt: „die Phylogenesis ist die mechanische Ursache der Ontogenesis" (Gasträatheorie, Jen. Zeitschr. 8, 1874, S. 5; im Original vollständig gesperrt; ähnlich schon Kalkschw. Bd. I, 1872, S. 473). Ich erwähne das nur nebenbei, denn meist wird das wohl mit Recht für einen Lapsus genommen, und man liest darüber hinweg. Doch ist es auch befehdet worden, und es ist nicht uninteressant, sich einmal klar zu machen, wie Haeckel zu diesem Ausspruche kommen konnte. Dabei wird man auch Haeckels -- wie die Nachwelt zu urteilen pflegt — besonders verständnislose Angriffe gegen His und die in ihm keimende Entwickelungsmechanik subjektiv verstehen. Wohl war diese Stellungnahme im Prinzip verfehlt, doch war es Abwehrstellung gegen His' ebenso verfehlten Anspruch, daß bei entwickelungsmechanischer Erklärbarkeit der Ontogenie es „nicht mehr gestattet" wäre, aus onto-

---

[1]) Guenther, K.: Gedanken zur Deszendenztheorie. Verhandl. d. dtsch. Zool. Ges. 1914.

[2]) Tschulok, S.: Deszendenzlehre. Jena 1920. Beim BG selber weiß Tschulok noch Inhalt und Form gesondert zu kritisieren, bei den „zwei Seiten" jedoch nicht.

genetischen Übereinstimmungen auf phylogenetischen Zusammenhang zu schließen, und „sämtliche Argumente ‚für Darwin' deshalb nicht von beweisender Kraft" seien. Nur in diesem Zusammenhang entstanden (an den angegebenen Orten) jenes und ähnliche Worte vom „mechanisch kausalen Zusammenhang", in welchem die Ontogenie als „mechanisch bedingt durch die Funktionen der Anpassung und Vererbung" zu verstehen sein soll. Lassen wir „mechanisch" weg, da es nur durch His' Mechanik herausgefordert war, so bleibt übrig „bedingt" oder „causae efficientes" (Kalkschw. S. 472), und das ist natürlich doch etwas Richtiges. Denn unzweifelhaft ist die Ontogenese einer jeden Spezies „bedingt" durch Palin- und Cänogenese, oder durch den Zustand der Ahnen und seine Veränderung, wenn auch damit fast nichts über die Art und Weise dieser Bedingtheit oder des Kausalzusammenhanges gesagt ist.

2. Umfang und Grenzen des Zutreffens und der Anwendbarkeit des BG.

Nur wenig leidet die Verständigung über das BG unter dem „hypothetischen" Charakter der Abstammungslehre. Denn es braucht für biologisch Orientierte nicht mehr gesagt zu werden, daß die einst rein hypothetisch gewesene Abstammungslehre heutzutage, trotz des Hypothesengehalts vieler ihrer Teile, in vielen Linien des Stammbaums nicht mehr Hypothesen bietet im Sinne von Unterstellungen ($\hat{v}\pi\acute{o}\vartheta\varepsilon\sigma\iota\varsigma$), die noch der Prüfung bedürften, sondern darin paläontologisch bestätigt ist oder induktiv bewiesen — natürlich mit einem gewissen Maß Kombination, wie es aber jeder empirischen Wissenschaft, jedem induktiven Beweis, jeder einfachsten Schlußfolgerung aus Gesehenem innewohnt und besser nicht Hypothese genannt wird. Wohl versagen die fossilen Formenreihen meist noch (nicht alle!) für Auskünfte über die Umwandlung von Art in Art. Aber was tut das hier? Daß der Mensch von geschwänzten Tieren abstammt, die Vögel von Reptilien, steht, abgesehen von allen vergleichend-anatomischen und historisch-ökologischen Gründen, einwandfrei fest auf Grund der paläontologischen Zeitfolge verwandter Formen, da nur die viel speziellere Frage, welcher engere Formkreis der nächstverwandte sei, noch strittig sein kann. Demnach wären der frei hervorragende Schwanz des menschlichen Embryos, die fünffingrige Hand des Vogelembryos und sein relativ typisches Vierfüßerbein tatsächliche Beispiele von Ähnlichkeit mit Ahnen. Daß die Vorläufer der Landwirbeltiere fischähnlich, die der Insekten Tausendfüße waren, ist, abgesehen von anderen Gründen, auch paläontologisch so wahrscheinlich, daß z. B. die Insektenlarven, insoweit sie tausendfußähnlich sind, also in ihrer Gestrecktheit und der relativ homonomen Segmentierung, als tatsächliches Beispiel des BG hingestellt werden können. Solche Grenzfälle der Tatsächlichkeit führen hinüber zu den hypothetisch bleibenden, in welchen die versteinerte Urkunde versagt, sei es wegen ihres Abbrechens unterm Kambrium, sei es wegen ihrer Lücken, oder wegen gänzlichen Fehlens, wie bei den Ascidien und Salpen, die ein ontogenetisches Stadium mit Chorda durchmachen. Ist in jenen Fällen die Beweiskraft der Jugendform (bzw. Embryonalform) paläontologisch bestätigt, so wird dadurch in diesen Fällen die Jugendform zum Beweismittel, und so ist es möglich, daß das BG auch unter den „Beweisen" der Deszendenztheorie steht, obwohl es eigentlich schon diese enthält. Im folgenden können wir daher einwandfreie phyletisch-hypothetische Fälle, deren hypothetische Bestandteile unumstritten und bei Annahme des Abstammungsgedankens unumgänglich sind, ebensowohl heranziehen wie tatsächliche, d. h. solche, denen die paläontologische Bestätigung nicht fehlt.

Erschwerend ist jedoch für die Verständigung über das BG, daß es sich um die Feststellung von „Gleichheiten" handelt, die nie absolute. sein können, da schon ein Blatt nicht dem anderen gleicht. Hierin wurzeln Verschiedenheiten der Auffassung, und die wichtigste ist die zwischen Haeckels „BG" und K. E. v. Baers Embryonengleichheit (Embryonenähnlichkeit). Suchen wir diese Auffassungsverschiedenheiten zu beseitigen, indem wir so präzise wie möglich das Tatsächliche aussprechen, so erhellt, daß die gewöhnlich als BG-Fälle aufgefaßten Beispiele zweierlei Art sind und den zwei F. Müllerschen Geschehensarten entsprechen: Abirren und Weiterschreiten der Ontogenese.

1. Die Fälle des Abirrens sind wohl die zahlreicheren, sie entsprechen zugleich der Baerschen Auffassung und, genau genommen, nicht dem Wortlaut noch der Meinung des Haeckelschen BG.

Man pflegt mit Haeckel zu sagen, die Säuger machen als Embryonen ein Fischstadium durch, und dies sei ein Beispiel des BG, womit man auch meint, der Fischtypus werde von uns auf unserer Embryonenstufe durchlaufen. Die Baersche Auffassung davon ist, wie man dem scharfsinnigen Untersucher ruhig zugeben kann, nicht weniger richtig, obwohl unvollständig, und bleibt genauer beim Tatsächlichen. Daß unsere Kiemenspalten und Kiemengefäße offenbar auf ein Leben im Wasser „berechnet" sind und somit die Abstammung von fischartigen Tieren beweisen, möge uns im folgenden nicht mehr veranlassen, in die Darstellung der Ontogenese mehr hineinzunehmen als das rein Tatsächliche. Dann machen wir als Embryonen nicht eigentlich ein „Fisch"-Stadium durch, sondern eher das Stadium eines Fischembryos, wie an den Kiemenspalten schon oben erläutert wurde. Allerdings hat der Fischembryo mit dem adulten Fisch mehr Ähnlichkeit als unser Embryo mit unserem adulten Zustand, und wenn man jene Ähnlichkeit als Gleichheit auffaßt, mit anderen Worten wenn man die Kiemenspalten nur nach Vorhandensein oder Fehlen beurteilt, dann resultiert die Gleichung Menschenembryo = Fisch. Eigentlich hieße sie dann aber: Menschenembryo = Fischembryo = Fisch! Es ist daher besser und morphologisch richtiger, statt dessen den genaueren Sachverhalt auszusprechen, nämlich die ontogenetisch zunehmende Divergenz (= „Baersches Gesetz", F. Müllers „Abirren") und, was bei Baer nicht genügend herauskommt und dadurch den alten Widerspruch nicht überzeugte: daß wir bzw. die Säuger ontogenetisch stärker metamorphosieren als der Ahnentypus, die Fische. Letzteres ist ja sehr bekannt, die Amnioten haben keine kompliziertere Ontogenese als die Anamnier, und gerade hier fällt das ins Gewicht, weil darauf der Anschein beruht, als ginge es nach dem Wortlaut und der Meinung des BG. Wie gesagt, liegen zahlreiche Fälle entsprechend. Die Amphibien metamorphosieren ontogenetisch weniger als die Säuger[1]), doch mehr als die Fische, und sie divergieren ontogenetisch von der Fischontogenese weniger als wir, daher erst später in sehr bedeutendem Maße; es ist aber die Kaulquappe dem Fisch nicht „gleich", und „ähnlich" sagt uns hier nicht genug, sondern sie ist dem Jungfisch unähnlicher als der Amphibienembryo dem Fischembryo. Unsere embryonale Chorda gleicht durchaus nicht der spezifisch strukturierten adulten des „Amphioxus" (Lanzettfisch, *Branchiostoma*) oder des Störs, sondern viel eher den dortigen Embryonalzuständen dieses Organs, den adulten nur im Vorhandensein. Hand und Bein des Vogelembryos sind einigermaßen wie beim

---

[1]) Weil sie Anamnier sind und in vieler anderer Hinsicht (Schädelbau, Zähne usw.). In Bezug auf Metamarphose im engern, üblichen Sinne, d. h. Metamorphose der äußern Körperform, sind allerdings die Säuger vereinfacht.

Reptilembryo, wie beim Reptil aber nur insofern, als beim Reptil die Zahl der wesentlichsten Bestandteile ontogenetisch sich gleich bleibt, beim Vogel dagegen stark metamorphosiert. Der Embryonalzustand des Canonbeins der Paarhufer ist noch zweiteilig wie auf der Ahnenstufe dauernd (z. B. bei den Insektenfressern), aber durch mangelnde oder geringe Verknöcherung nur dem Embryonalzustand des Ahnentypus gleich. Dasselbe gilt vom Unterarm sowie Unterschenkel des Frosches: Radius und Ulna bzw. Tibia und Fibula sind im adulten Zustand verschmolzen, bei der Kaulquappe noch getrennt wie dauernd bei den Urodelen, aber bei der Kaulquappe noch nicht oder höchstens wenig verknöchert. Die symmetrischen Jugendstadien der Schollenfische gleichen keinem adulten Fisch, sondern, von den Artunterschieden abgesehen, gleichaltrigen Fischlarven. Die Ascidienlarve (vor der Metamorphose im engeren Sinne) ist viel eher eine Lanzettfischlarve gleichen Stadiums als ein Lanzettfisch (obwohl auch das nur annäherungsweise). So resultiert in diesen und unzähligen weiteren Fällen immer wieder die „Embryonengleichheit", d. h. Embryonenähnlichkeit. Unser Korakoidfortsatz am Schulterblatt ist in keinem ontogenetischen Stadium ein bis ans Brustbein reichendes Korakoid-(Rabenschnabel-)bein wie bei adulten Reptilien und Schnabeltieren (und Vögeln), sondern er ist embryonal bei uns ein selbständiger kleiner Knochenkern, der als solcher dem ersten Verknöcherungsstadium des Korakoidbeins vergleichbar sein dürfte (genauere Klärung noch erwünscht). Von den Evertebraten sei der lange „Schwanz" (Abdomen) der Krabbenlarven erwähnt. Er steht mit seinen eben erst anlageartig hervortretenden Extremitäten dem Schwanz von Makrurenlarven viel näher (trotz vorhandener Unterschiede) als einem adulten Makrurenabdomen. Wollte man sagen, er durchläuft ein Makrurenstadium, so müßten auch die Makruren ein Makrurenstadium durchlaufen! — Übrigens ist in allen diesen Beispielen mit Ausnahme der Ascidien der angenommene Ahnentypus paläontologisch als solcher bestätigt.

Ebensowenig entsprechen dem Wortlaut und der Meinung des BG die glatten Embryonalwindungen von adult skulpturierten Schnecken- oder Ammonitengehäusen. Es ist wieder nur Embryonen- bzw. Jugendstadien-Gleichheit. Man sieht das sehr gut an übersichtlichen Serien: Die glattschalige Schnecke *Paludina neumayri* — die wahrscheinlich in *Paludina pyramidalis* (Oberitalien), *hungarica* usw. wenig verändert fortlebt, wie ich anderwärts zu zeigen gedenke — gliederte im Pliozän kantigknotige Formen, die sogenannten Tulotomen, ab. Während in der Tulotomenreihe nun die Skulptur von den Endwindungen her mit den Jahrtausenden (?) zunimmt, bleiben die Anfangswindungen glatt, ohne daß damit etwas vom adulten Zustand der Stammform merklich auf sie überginge. Die miozäne Tellerschnecke *Planorbis multiformis* wurde zeitweilig kegelförmig (*oxystomus*), dann wieder tellerförmig. Besonders beim Kegligwerden sehe ich genau, wie zuerst die letzten Umgänge hinabsteigen, später die wirbelnahen. Etwas anderes als die Baersche ontogenetisch zunehmende Divergenz gegenüber der Ahnenform ist nicht vorhanden. — Es tut hier nichts zur Sache, daß wir in diesen beiden schönen Fossilienreihen phäno-, nicht genotypische Änderungen vermuten[1]).

NB. Nicht jedesmal muß es so zugehen wie in diesen Schneckenreihen, sondern wenn, wie (nicht zwingend) oft angenommen wird, „*Nautilus*" aus „*Orthoceras*" entstand, so kann dabei der Übergang von der Stabform zur Tellerschneckenform in allmählicher gleichmäßiger Einkrümmung bestanden haben, wie sie bei dem sichelförmigen *Cyrtoceras* vorliegt. Werden Jugend- und Altersteile von der Änderung gleichmäßig ergriffen, so bleiben eben die Jugendteile nicht einmal den Jugendteilen der Ahnen ähnlich. Von solchen Fällen sprechen wir aber hier nicht, sondern von denen die gewöhnlich als Beispiele des BG aufgefaßt werden.

Die bis hierher immer wiederkehrende Sachlage ist so klar, daß kaum noch ein paar der älteren Auffassung besonders günstig erscheinende Beispiele im obigen Sinne erläutert zu werden brauchen. So ist auch das Schwänzchen des menschlichen Embryos seinem Baue nach und durch Unbehaartheit nur den embryonalen Säugetierschwänzen ähnlich, ungeachtet daß irgendein Ahnenstadium, etwa im frühen Tertiär, erwachsen einen freien Schwanz von derselben winzigen relativen Größe gehabt haben mag. Unser „Affenpelz", den wir in späteren Embryonalmonaten abwerfen, ist derselbe wie der des Affenembryos, ungeachtet daß er auch bei erwachsenen Affen zum Teil noch mit dem embryonalen identisch sein könnte. Bei den meisten neueren Brachiopoden rückt die Stielöffnung aus der Lage, die sie bei *Lingula* dauernd hat, erst während der Jugend in die Bauchklappe. Der Jugendzustand gleicht also wieder dem Jugendzustand der Ahnenform (*Lingula*); daß er außerdem auch dem dortigen adulten Zustand gleicht, da die Lage

---

[1]) Vererbung des Phänotypischen braucht hierbei nicht angenommen zu werden.

dort sich wirklich dauernd gleich bleibt, heißt nicht, daß der adulte Zustand auf den Jugendzustand der Deszendenten übergegangen wäre.

Im Grunde genommen bringen alle diese Fälle des Baer- und Müllerschen ontogenetisch zunehmenden Abirrens zugleich ein stärkeres Metamorphosieren der Deszendenten mit sich. Man mag den Krabbenschwanz gegenüber dem Makrurenschwanz als „regressiv" oder „rückgebildet" im Sinne von verkleinert auffassen, er ist an relativer Größe vom Larvenschwanz mehr verschieden, als der Makrurenschwanz es ist. Wenn man die Umwandlung von *Planorbis multiformis* in *oxystomus* als ein Komplizierterwerden der Form auffaßt, was statthaft ist, so ist zwar die dann folgende Rückumwandlung das Gegenteil, doch nur im Endeffekt, nach Erreichung der wieder ganz flachen Form, nicht für die Übergangsstadien. Der ontogenetische Übergang der Chordatenlarve in die Ascidie ist durch manche starke Umlagerung ein komplizierterer Prozeß als derjenige in den Lanzettfisch und somit in gewissem Sinne „progressiv", wenn der Lanzettfisch die ältere Form ist (was im wesentlichen nicht zu bezweifeln); in der Ausbildung manchen Organsystems zwar, z. B. des Nervensystems, ist er regressiv, vereinfachend, doch spielt hier etwas anderes hinein, nämlich Neotenie (siehe unten). Wieder eine Sache für sich ist dabei, daß bei der Ascidienwerdung der gestaltliche Vollkommenheitsgrad (Differenzierung und Zentralisation)[1]) gegenüber dem Lanzettfisch abnimmt. Im Korakoidteil sind die Säuger wohl einspruchsfrei einfacher als die Reptilien, doch auch hier spielt wohl, wie in vielen ähnlichen Fällen von „Rückbildung", Neotenie hinein.

Die hautbedeckten Zahnanlagen bei Bartenwalembryonen entsprechen denen von anderen Säugerembryonen, ungeachtet daß sie, offenbar auf postembryonalen Gebrauch „berechnet", die Herkunft von einst postembryonal funktionierend gewordenen Zahnanlagen beweisen. Nur ein Beispiel wüßte ich, in welchem ein postembryonaler Ahnencharakter in Embryonalstadien des Deszendenten verlegt sein soll: Die Kükenthalschen Kauflächen an den Zähnen der Embryonen der Seekuh *Halicore*[2]). Entstehen sollen sie vermutlich durch Resorption der Zahnkronen. Wir können den Fall hier nicht nachuntersuchen. An und für sich können natürlich alle möglichen erst adult bzw. postembryonal funktio-

---

[1]) Franz: Die Vervollkommnung in der lebenden Natur. Jena 1920. Ders.: Geschichte der Organismen. Ebenda 1924.

[2]) Kükenthal, W.: in Verhandl. d. Dtsch. Zool. Ges. 1907. Präparat im Zool. Inst. Breslau.

nierenden Charaktere sich schon embryonal anlegen, z. B. die Zähne selbst, doch von Kauflächen ist das sonst nicht bekannt, sie werden immer erst durch den Gebrauch erworben. Daher nimmt Kükenthal folgerichtig hier einen Fall von Vererbung erworbener Eigenschaften an. Und zweifellos muß oder müßte jeder etwaige adult phänotypisch erworbene und beim Deszendenten ererbt wiederkehrende Charakter auf die Keimzellen und somit auf die Ontogenese des Deszendenten eingewirkt haben, um spätestens zu gleicher Zeit wie beim Erwerber wiederzukehren. Wäre das bei der Organbildung häufig, so wäre demnach die Hineinlegung ursprünglich adulter morphologischer Charaktere in die früheren Stadien des Deszendenten häufig zu gewärtigen. Wer häufige Vererbung des Erworbenen annimmt, wird daher vielleicht meinen, in den vorerwähnten Beispielen könnten doch embryonal gewordene Ahnencharaktere noch festzustellen sein, er könnte den Kükenthalschen Fall als starke Stütze dieser Ansicht betrachten und die Vererbung des Erworbenen zur Erklärung des angenommenen Embryonalwerdens verwenden[1]). Hier liegt also eine scharfe Fragestellung. Sicher war bei Haeckels BG (1866, 1872) jene Annahme noch sehr passabel, mithin die Ansicht, daß die adulte Ahnenform embryonal wiederkehre, auch von hier aus naheliegend. Ich stelle die vielumstrittene Vererbung von Erworbenem oder die Möglichkeit, daß Somationen erbfest werden können, keineswegs in Abrede[2]). Die erwähnten Tatsachen aus der Organbildung jedoch und viele ähnliche, mit Ausnahme des Kükenthalschen Einzelfalles, der als solcher der neuen Überprüfung wert sein dürfte, werden nach bisheriger Kenntnis vollständig erfaßt durch die „Embryonengleichheit", genauer: Embryonenähnlichkeit und ontogenetisch zunehmendes Abrren.

2. Sehr zu beachten ist nun jedoch, daß auch das F. Müllersche „Hinausschreiten" vorkommt, welches eine Ontogenese ergibt, die nicht dem Baerschen Gesetz, sondern dem Wortlaut des BG entspricht: „die Ontogenie rekapituliert die Phylogenie", und zwar im entscheidenden Punkte unverändert, insbesondere auch unverkleinert, ohne Übergang der Ahnenform in ein ontogenetisches früheres Stadium; das adulte Ahnenstadium wird überschritten.

---

[1]) Plate, am auf S. 5 angegebenen Orte.
[2]) Vgl. meine „Geschichte der Organismen" und S. 45 Fußnote 3 vorliegender Arbeit.

Der markanteste mir gegenwärtige Fall ist die Ontogenese der Cirripedien, z. B. der „Entenmuschel" (*Lepas*). Daß das Tier dem Ei als Nauplius entschlüpft, also zu den Krebsen gehört, hat zwar mit dem BG nichts zu tun, wenn wir, wie ich es für das allein Richtige halte (siehe unten), mit Claus gegen F. Müller die Larvenform Nauplius nicht für ein rekapituliertes Ahnenstadium erachten. Darauf aber verwandelt sich diese Larve in ein hochgradig kopepodenähnliches Wesen[1], allerdings in einer mantelartigen Schale, mit sechs Beinpaaren statt fünf, doch durch die Lage derselben, ein Gabelschwänzchen (Abdomen mit Furca) und anderes mehr einem freilebenden Kopepoden unverkennbar ähnlich. Dies Stadium, früher wegen der Schale irrig das cyprisförmige genannt, hat auch die ungefähre Größe sonstiger freilebender Kopepoden, wie aus der Abbildung in Darwins Monographie der Cirripedien ersichtlich ist, es hat also im Vergleich mit Kopepoden in den hier wesentlichen Punkten nichts Embryonales. Alsdann setzt das Wesen sich fest, wächst samt Mantel gewaltig und wird zur „Entenmuschel". Da man die Cirripedien[2] in phyletischer Hinsicht nur als Abkömmlinge von freilebenden Kopepoden ansehen kann — denn die „logisch" mögliche gegenteilige Annahme (Ahnen) ließe die Cirripedien am Stammbaum in der Luft schweben und würde die Kopepoden vom Stammbaum abreißen —, so überschreiten sie ontogenetisch ein adultes Ahnenstadium in nur wenig verändertem Zustande und durchlaufen sie es eo ipso.

Im wesentlichen entspricht also dieser Fall durchaus der ursprünglichen Begründung der Parallelismuslehre, der F. Müllerschen Auffassung vom „Hinausschreiten", zugleich dem Wortlaut des Haeckelschen BG.

Es wäre nun allerdings zuzugeben, daß selbst ein so markanter Fall auch als Spezialfall der vorerwähnten aufgefaßt werden kann: *Lepas* und Kopepode wären ontogenetisch bis zum Kopepodenstadium „gleich" oder nur wenig divergierend, dann aber, während der Kopepode Kopepode bleibt und die Geschlechtsreife erlangt, gehe *Lepas* ihren eigenen Weg. Es ist nicht unwesentlich, sich klar zu machen, daß diese Auffassung möglich ist. Sie setzt den Todeszeitpunkt von *Lepas* und Kopepoden

---

[1] Claus, C.: Die cypris-ähnliche Larve (Puppe) der Cirripedien usw. Schr. d. Ges. z. Beförd. d. ges. Naturw. Marburg, Suppl.-Heft 5, 1869.

[2] *Sacculina* hat bis zum Kopepodenstadium im wesentlichen dieselbe Metamorphose wie *Lepas*.

als gleiche Punkte an, demnächst ebenso die Geschlechtsreife beider Tiere. Es hieße aber alles in einen Topf werfen, wollte man diese Auffassung urgieren. Bei den bisherigen und gegenwärtigen Forschungsaufgaben ist es wohl wesentlicher, das gewaltige Mehr an Masse (Größe) und Formbildung im Auge zu behalten, welches ontogenetisch die *Lepas*-Werdung vom Kopepode-Bleiben unterscheidet und somit uns *Lepas* über den Kopepoden hinausschreiten sehen läßt.

Und das ist nicht der einzige Fall. Es gehört zu den bekanntesten Schulbeispielen des BG, daß auch eine Anzahl parasitische Krebse (*„Parasitica"*) ein Kopepodenstadium (Cyclopidstadium) durchlaufen (sogar ohne Schale), bevor sie (meist nur das ♀) zu parasitierenden großen „unförmlichen Klumpen" werden. Sie schreiten allerdings nicht ganz so weit über das Cyclopidstadium hinaus wie die Cirripedien über das Kopepodidstadium, sondern tragen auch adult oder als „Klumpen" noch Kopepodenkennzeichen zur Schau, weshalb sie nicht ganz so eindrucksvoll das „Hinausschreiten" uns veranschaulichen; doch ist es im Prinzip dasselbe. Die Krebse liefern noch weitere ziemlich gute Beispiele. Der Hummer schlüpft aus dem Ei auf dem sogenannten *Mysis*-Stadium; es ist 6—8 mm lang, somit kaum kleiner als wenigstens die kleineren unter den *Mysis*- und überhaupt Schizopodenarten im adulten Zustande. Der Hummer schreitet alsdann also über den Schizopodentypus, der einwandfrei auch in der Ahnenreihe des Hummers steht, hinaus. Die Garneelen durchlaufen gleichfalls ein *Mysis*-Stadium; es ist aber bei den verschiedenen Arten nur etwa 2 (F. Müller) bis 5 mm (*Crangon vulgaris*) lang und entspricht somit — nicht einer verkleinerten *Mysis*, sondern einer jungen *Mysis*, und die Garneele-Werdung ergibt sich somit bei Garneelen durchschnittlicher Größe als ein Überschreiten des *Mysis*-Typus, allerdings in Verbindung mit „Abirren" vor Erreichung adulter *Mysis*-Größe.

Das oben schon kurz erwähnte Beispiel der Insektenlarven gehört gleichfalls hierher. Noch mehr Ähnlichkeit als mit Tausendfüßen — den paläontologisch einigermaßen beglaubigten Insektenahnen — haben die Insektenlarven, besonders der verbreitete „campodeoide" Larventypus, mit den ungeflügelten Ur-Insekten oder Apterygoten, die sich als heutige Repräsentanten des Ahnentypus der geflügelten Insekten betrachten lassen. Nie sogleich beim Schlüpfen aus dem Ei sind bei den Insektenlarven Flügel(anlagen) sichtbar, sondern sie treten erst allmählich, oft gar erst spät und dann um so schneller hervor. Somit schreiten die

Flügelkerfe über ein mehr oder weniger komplettes Apterygotenstadium hinaus. — Dagegen ist der campodeoide adulte oder Apterygotentypus gegenüber den Tausendfüßen nur „abgeirrt" und macht ontogenetisch kein Tausendfußstadium durch, sondern (eher) nur ein dem Tausendfußembryo gleiches, und dasselbe Verhältnis bloßer Embryonenähnlichkeit und ontogenetisch zunehmenden Abirrens besteht zwischen Krebs und Ringelwurm.

Bei den Protozoen kann vom BG nicht viel die Rede sein, da sie ja bei der durch Zweiteilung erfolgenden Geburt meist schon fast fertig sind und nur weniges zu ergänzen haben. *Folliculina* aber macht nach der Teilung zunächst ein *Stentor*-Stadium durch, d. h. sie erhält bei *Stentor*-ähnlicher Gesamtform ein zunächst stentorartiges Peristom (das alte wird vor dem Beginn der Teilung eingeschmolzen), welches dann erst durch Auswachsen zweier großer Trichterlappen fertig und *Folliculina*artig wird[1]). Soweit Protozoen durch Vielteilung entstehen und somit anfangs sehr klein sind, um dann erst heranzuwachsen, haben sie mehr Gelegenheit zum Durchlaufen diverser Stadien, und so schlüpfen *Ceratium*[2]) und *Noctiluca* etwa auf einem Gymnodinien- oder Nacktperidineenstadium, das wenigstens bei *Noctiluca* phyletisch aufgefaßt wird. Es ist sehr klein, wäre aber damit nicht verkleinert, denn auch die meisten Gymnodinien sind winzig klein. Ebenso entstehen bekanntlich viele Rhizopoden aus winzigen flagellatenartigen Schwärmern und schreiten also über ein Flagellatenstadium hinaus, das mit Recht phylogenetisch aufgefaßt werden dürfte.

In der Variation heutiger Tierarten kommt das Hinausschreiten bei einigen *Clausilia*- und *Pupa*schnecken-Gehäusen vor, indem neben der gewöhnlichen Form stellenweise vereinzelte verlängerte Stücke vorkommen, die bis 1 oder 2 Umgänge mehr haben (*var. elongata* neben der typischen *Clausilia plicata*; *var. cylindracea* neben der typischen *Pupa frumentum*); die kürzere Form ist sicherlich die ursprünglichere, der Ansatz von mehr Umgängen also ein Hinausschreiten. Insbesondere ist es allerdings nur ein Hinausschreiten des Gehäuses, nicht des Tieres; auch nicht ein reines Hinausschreiten des Gehäuses, da sein Mundsaum nicht schon an der alten Stelle gebildet wird.

Eine Anzahl paläontologischer Stammeslinien, z. B. die Reptilien, die Säugetiere, zeigen eine allmähliche Zunahme der Größe. So be-

---

[1] Sarhage: Arch. f. Protistenk., 37, S. 167. 1917.
[2] Hübner u. Nipkow: Zeitschr. f. Botan. 14. 1922.

ginnen die Säuger in der Trias etwa „maus- bis rattengroß", später erst erscheinen unter deren Abkömmlingen die größeren. Da nun der menschliche Embryo etwa bei Maus- bis Ratten- oder Insektivorengröße noch einen Uterus bicornis bzw. unverlagerte Hoden hat, so könnte man aussprechen, der Mensch schreite hierin ontogenetisch über die unverkleinerte Insektivorenstufe hinaus! Den phyletischen Zwischenstufen aber könnte man das schon nicht nachsagen. Wir müssen daher vom bloßen Größenunterschied absehen, weil er als solcher noch keinen morphologischen Unterschied bedeutet, müssen also den Menschenembryo mit dem Insektivorenembryo, nicht mit dem adulten Insektivoren — trotz Größengleichheit — vergleichen, und dann ergibt sich eben, daß der Mensch gegenüber den Insektivoren lediglich „progressiv abirrt".

Es ist klar, daß das „Hinausschreiten" als solches immer ein „progressives" ist und doch Verlust an Gestaltung mit sich bringen kann, also in diesem Sinne dann „regressiv" wäre (*Sacculina*).

Wir können nun an Hand unserer Beispiele vorläufige Definitionen aufstellen:

„Abirren" ist qualitative, je Stadium zunehmende Veränderung der Ontogenese. Es kann progressiv sein, d. h. die Metamorphose und somit den Endzustand komplizierter gestalten, oder (seltener) regressiv (Gegenteil). Der reine Größenunterschied verwandter Formen bleibt dabei außer Betracht.

„Hinausschreiten" ist begrifflich zunächst etwas rein Quantitatives, die Verlängerung der Ontogenese über das vorherige Endstadium hinaus. In diesem Sinne ist es progressiv. Selbstverständlich ist es mit qualitativer, sei es pro- oder regressiver Gestaltung verbunden.

Abirren und Hinausschreiten umfaßt die gewöhnlich als Beispiele des BG genannten Fälle. Nur das Hinausschreiten bewirkt Rekapitulation (Durchlaufen anderer adulter Typen), aus dem Abirren aber resultiert bloße Embryonenähnlichkeit.

Ich bemerke, daß von Cänogenesis erst unten wieder die Rede sein soll.

Es ist selbstverständlich, daß Abirren und Hinausschreiten mehr oder weniger miteinander verbunden sein kann, zumal es ja schon begrifflich nicht absolut zu trennen ist. Die Säuger sind gegenüber den Amphibien ontogenetisch in vieler Hinsicht abirrend, z. B. erlangen sie einen ganz anderen Wirbelbau, doch im Schlüsselbein, das bei uns auf Embryonalstufe als umknöcherter Knorpel nach Gegenbaur dem adulten von *Rana* gleicht (Procoracoid + Clavicula), sind sie hiernach geweblich hinausschreitend[1]). — Es sei nochmals hervorgehoben, daß man jedes Hinausschreiten als eine Art Abirren auffassen kann, — aber nur dann, wenn alles „Veränderung" sein soll. Die Morphologie, so lange sie nicht Physik sein wird[2]), verlangt, die Veränderungen in gestaltlichen Begriffen zu präzisieren. Sonst würde auch Kralle und Huf oder Haar und Stachel „dasselbe". Unsere Unterscheidung wird dem alten, Baerschen Einwande genau gerecht und setzt ihm ebenso bestimmt seine Grenze. Sie berücksichtigt, daß eben meist entweder das Abirren oder das Hinausschreiten überwiegt, — sofern überhaupt eines entschieden stattfindet.

Daß man das nicht immer auseinanderhielt, erklärt sich vollständig aus dem hauptsächlichen Ziel der vergangenen Jahrzehnte, die Ahnen zu ermitteln. Dem genügen z. B. unsere embryonalen Kiemenspalten ebensogut wie das Kopepodenstadium von *Lepas*. Beide beweisen zunächst die Verwandtschaft mit der adult entsprechend ausgerüsteten Form. Bei Embryonenähnlichkeit stammt, nach obigen Beispielen, mit gewisser Wahrscheinlichkeit diejenige Form vom Typus der anderen ab, die vom vergleichbaren Embryonalstadium adult mehr verschieden ist als die andere. Daraus folgt für die Praxis, für die Verwendung dieses Satzes zu Schlußfolgerungen, daß mit einer gewissen Wahrscheinlichkeit die Form von einer anderen abstammt, die ein dem adulten Zustande der anderen ähnliches Embryonalstadium durchläuft. Beim unverkleinerten Durchlaufen anderer adulter Typen ergibt sich mit gewisser Wahrscheinlichkeit die durchlaufende Form als von der durchlaufenen stammend. Da nun dabei die tatsächlich durchlaufene, ontogenetische Form doch nicht absolut einer andern adulten Form gleicht, sondern ihr doch wieder nur ähnelt, allerdings bei näherungsweise gleicher Größe, bestand bisher kein zwingender Anlaß, Embryonenähnlichkeit und Durchlaufen für die Ermittelung der Ahnen auseinander zu halten.

---

[1]) *Rana* steht zwar nicht in unserer Ahnenreihe, dürfte aber im Schlüsselbein einen Zustand haben. der unbekannten direkten Ahnen der Säuger gleichfalls eigen war.

[2]) Das hieße genauer: solange die Morphologie nicht Geometrie, und die Ontogenie nicht Physik sein wird.

Aus diesen diversen Sachlagen trifft also Haeckels Formulierung des BG gerade das für die Ahnenermittlung Wesentliche heraus. Die Durchgangsform repräsentiert bis zu gewissem Grade die Ahnenform und verträgt in diesem Sinne die Bezeichnung „palingenetisch". So erklärt sich logisch der Wert der Haeckelschen Formulierung für diese Forschungsrichtung.

Es repräsentiert aber nicht jede Durchgangsform einen Ahnentypus. Manche, z. B. die Phyllosomalarve der Languste, ließe sich am Stammbaum keineswegs unterbringen, und es ist nicht annehmbar, daß unsere Vorstellung vom Stammbaum gerade am entscheidenden Punkte lückenhaft wäre. Das bloße BG genügt also zur Ahnenermittlung nicht. Da auch das Argument der Unterbringbarkeit am Stammbaume oft versagen kann, sei es wegen unserer lückenhaften Kenntnis des Stammbaumes oder wegen Meinungsdivergenzen, setzt hier Haeckels Cänogenesis-Begriff = Müllers „Fälschung" ein, um vor Fehlschlüssen zu bewahren.

Was ist Cänogenesis? Wäre Palingenesis das Gleichbleiben, so wäre Cänogenesis einfach die Veränderung. Wie nun aber „Palingenesis", wie eben gezeigt, auch das Ähnlichbleiben bezeichnet einschließlich des Maßes Veränderung, welches den Ahnentypus für unsere Augen noch nicht verdeckt, so trifft der Cänogenesis-Begriff die starke, den Ahnentypus verdeckende Veränderung. Wie wir schon sahen, gilt er mit Unrecht als unbehaglich und mit einem BG unvereinbar. Denn nur am Palingenetischen ist Cänogenese möglich, denkbar und gemeint. Zudem läßt er der Auffassung nicht von Fall zu Fall beliebigen Spielraum, sondern ist als „auf Anpassung beruhend" wohlcharakterisiert.

Ist doch nicht alles am Organismus im gleichen Maße angepaßt (adaptativ). Wie ein rollender Stein nicht in jedem Augenblicke dem stärksten Gefälle folgt, sondern bei Änderung der Richtung desselben noch Schwung aus der alten Richtung hat, so bleibt auch der Organismus jeweils hinter der an sich denkbar bestmöglichen Anpassung mehr oder weniger zurück und muß Ererbtes, für ihn „Bedeutungsloses" mitschleppen, das noch nicht fortfallen konnte (z. B. unsere Ohrmuskeln, unsere Schwanzwirbel, unsere durch Anfälligkeit sogar gefährliche Appendix vermiformis). Demgegenüber ist das Neue, die Veränderung, adaptativ, d. h. eingepaßt (mit seltenen, von der Selektion noch nicht beseitigten Ausnahmen, z. B. Eckzähne von *Babirussa*). Das adulte bzw. geschlechtsreife Stadium ist nun, als das relativ stationäre und meist langdauernde, meist in jeder

Hinsicht relativ vollständig angepaßt, bis auf geringe Reste funktioniert alles, was es hat, und ist das Überflüssige auf frühen Stadien beseitigt, das Ungenügende auf den erforderlichen Ausbildungszustand gebracht, also das Palingenetische cänogenetisch gestaltet, die Trennung beider Begriffe seltener veranlaßt. Um so mehr müssen Embryonal- bzw. Jugendstadien Altererbtes führen, was nicht funktioniert. Und um so mehr wiederum bedürfen sie manchmal zugleich starker Neugestaltung als daseinsfähig erhaltender Anpassung, besonders, wenn sie ein selbständiges Dasein führen, zumal wenn es ein freibewegliches ist, demnächst auch im Ei, wenn es an Land liegt; viel weniger oder nicht, wenn bzw. so lange der Embryo im Mutterleibe weilt und dieser auch ihm angepaßt ist, sowie bei Eiern im nassen Milieu. So kommt es, daß besonders oft bei den Embryonal- bzw. Jugendcharakteren Altererbtes (Palingenetisches) und Neues, Adaptatives (Cänogenetisches) nebeneinander als weitgehend sicher voneinander trennbar uns auffält. Beim adulten Stadium ist das, wie gesagt, seltener der Fall, doch kann auch bei ihm einiges stärker den adaptativen Charakter zur Schau tragen (z. B. die bekannten Anpassungen der Tiefseefische) als anderes. Die palingenetischen Charaktere sind in jedem Falle die nicht ausgesprochenen adaptativ erscheinenden, vielmehr bei verschiedenster Funktion oder Lebensweise gleichförmigen und oft, zumal bei Larvenstadien, funktionell bedeutungslos oder überflüssig erscheinenden sowie in der Regel mehr die inneren. Die cänogenetischen Charaktere dagegen sind gewöhnlich mehr in Berührung mit der Außenwelt, entsprechen einer bestimmten Funktion oder Lebensweise und zeigen einfache, d. h. klare technische Zweckmäßigkeit.

Dem genügend Orientierten können diese Betrachtungen nichts Neues bieten, und man verstehe wohl, daß sie nicht den Stammbaumforscher belehren wollen. Sie sind nur Interpretation von Haeckel und wollen als solche dem Kritiker des BG sagen, daß die Stammbaumforschung hierin den geeigneten Weg ging.

Es gibt kein rein cänogenetisches Gebilde oder Organ. Wenigstens die Stelle, der es entwächst, muß bei den Ahnen schon vorhanden gewesen sein. Cänogenetisch ist eigentlich nur die Ausbildung, die besondere Form und Funktion von Organen, das kann aber so viel ausmachen, daß man kurz das Organ cänogenetisch nennt. Z. B. den mächtigen Rückenstachel junger Krabbenlarven. Wir kennen übrigens seine Funktion noch nicht, doch hat er schon als ein stark peripheres Organ wenigstens eins der obigen Kennzeichen des Cänogenetischen (auch wäre er am Stammbaum nicht unterzubringen). Ebenso die blattförmige Verbreiterung des Phyllosomastadiums der Languste (Schwebeorgan?). Rein Palingenetisches ist meines Erachtens denkbar: die phyletische Änderung mag bestimmte Organe oder Teile gänzlich verschonen können: die Anfangswindungen einer *Tulotoma* kann man wohl denen einer *Paludina* gleich nennen (S. 15/16). Doch wüßte ich bei einigermaßen weit zurückliegenden Ahnentypen, die gegenüber den Deszendenten nicht mehr nahe verwandte Arten sind, keine Beispiele zu nennen, in denen man fest behaupten könnte, daß bestimmte Teile ganz gleichgeblieben wären.

Alle oben erwähnten BG-Beispiele tragen die Charaktere des Palingenetischen: keine deutliche Adaptation, oft das Gegenteil, ferner Konstanz in verschiedenem Milieu, oft innere Lage. Der campodeoide Larventypus z. B. ist als solcher nicht adaptativ, er ist im verschiedensten Milieu (im Wasser und an Land) artenreich vertreten und diesen Verschiedenheiten der Lebensführung „gewachsen". Nur seine spezielle, von Fall zu Fall verschiedene adaptative Ausgestaltung ist das Cänogenetische an ihm. Die Chordaschwanzlarve der Tunikaten erweist sich als palingenetisch, indem sie ein Umweg ist ohne entschiedene funktionelle Bedeutung: wenn die Ascidien ein besonderes freibewegliches Larvenstadium brauchen, was einleuchtet, so brauchte dieses an sich keine Chorda zu haben, und die Salpen gar, selber freischwimmend, brauchten nicht einmal ein vom Salpentyp irgendwie wesentlich abweichendes Larvenstadium. Ein solcher Umweg ist auch das Kopepodenstadium von *Lepas*: der langbeborstete Gabelschwanz kommt, ohne zu funktionieren, wieder zum Schwund. Dagegen hat die mantelartige Schale dieses Stadiums als weit peripheres Gebilde den Charakter des Cänogenetischen. Cänogenetisch nennen wir die Allantois der Reptilien, sie ist ausgesprochen adaptativ, dient am Rande des abgelegten beschalten Eies dem Luftaustausch des Embryo. Daher, neben anderen, auch paläontologischen Gründen, deren Gesamtheit zwingend ist, können die Reptilien von den Amphibien abstammen, denen die Allantois fehlt. Natürlich ist sie gleichwohl nicht rein cänogenetisch und vielleicht sogar aus einer solchen Harnblase hervorgegangen, wie die Amphibien sie haben. Palingenetisch nennen wir die Allantois der Säuger, da sie nicht die ihre Lage und Größe rechtfertigende Funktion (im Mutterleibe!) hat und, wennschon sie bei manchen Arten Plazentafunktion übernimmt, doch andere Arten beweisen, daß dies nicht durchaus notwendig ist. Für den Dottersack (bei Säugern ohne Dotter!) gilt dort und hier Entsprechendes, nicht minder für die eigentlichen Embryonalhüllen (Amnion, Serosa) der Säuger, denn derartige Gebilde sind im Tierreich in der Regel Trockenschutz für den Embryo im an Land abgelegten Ei; beim Reptil erscheinen sie daher veranlaßt, beim Säuger demgemäß nicht ohne weiteres: Die Säuger stammen von hierin reptilgleichen Typen ab, wie die Schnabeltiere als eierlegende Säugetiere noch solche sind. — Solche relativ große „palingenetische" Organe haben oft eine neue, cänogenetische Funktion und Struktur (Funktionswechsel): die Serosa als Plazenta, der Dottersack als Blutbildungsstätte. Das feine Amnionhäutchen der Säuger erscheint uns eher funktionell unwesentlich und demnach ziemlich rein palingenetisch.

Es versteht sich, daß allezeit eine Anzahl umstrittener Abstammungsfragen bestehen. Trochophora (die Larve der Ringelwürmer usw.) und Nauplius (Larve der Krebse), die einst Ahnentypen repräsentieren sollten, erfahren zur Zeit mehr und mehr die Umdeutung in cänogenetische Typen. Man erkennt, daß ein Trochophoratypus am Stammbaum unterhalb der Ringelwürmer nicht unterzubringen wäre. Und es war ein falsches Argument, die Trochophora deshalb für palingenetisch zu erachten, weil sie auch als adulte Tierform lebt (als Rädertier). Die Möglichkeit epistatischer (neotenischer) Typen war dabei nicht erwogen, ihrer ist in Haeckels BG nicht gedacht. Aber auch ohne die Frage der Epistase (Neotenie) zu prüfen oder zu kennen, befindet man den Trochophora-Larventypus als cänogenetisch, da er durch Kreiselform, Wimperkranz, Scheitelauge und Scheitelschopf (periphere Organe!) offenbar dem ihm eigenen pelagischen Leben angepaßt ist. Natürlich enthält er gleichwohl Palingenetisches, sonst wäre er überhaupt nicht da. Ähnlich sind die drei Naupliusbeinpaare zwar palingenetisch, aber wenn man ihre Funktion bei sonstigen Krebstypen kennt, wo das erste immer als Antenne, das zweite als Bein (Trilobiten) oder Antenne, das dritte als Bein (Trilobiten) oder Oberkiefer ausgebildet ist und stets noch weitere dahinter stehen, so sind demgegenüber die sechs Naupliusbeine ein einheitlich wirkender Lokomotions- und zwar Schwimmapparat, dem pelagischen Leben angepaßt: die Dreizahl der Beinpaare des Nauplius und ihre relative Gleichförmigkeit ist cänogenetisch. Am Stammbaum des Tierreiches wäre denn auch ein selbständiger Naupliustypus nicht unterzubringen, sondern die Formenreihe und Paläontologie der Krebse führt einwandfrei auf vielbeinige, vielgliedrige, also ringelwurmartige Tiere zurück[1]). — Der Peribranchialraum der Lanzettfische[2]) hat die Charaktere des Cänogenetischen. Nicht ganz so das System der abführenden Kiemengänge von *Myxine*: es liegt etwas mehr im Innern; den anderen Myxinoideen zwar fehlt es; erkennt man aber seine weitgehende Lagegleichheit mit dem Peribranchialraum der Lanzettfische[2]), so daß bis zu gewissem Grade beide dasselbe sind bei sehr verschiedener Lebensweise, so erscheint *Myxine* darin nicht mehr sicher cäno-, sondern vielleicht palingenetisch und vom Lanzettfisch phyletisch ableitbar (wofür sich noch weiteres anführen läßt, siehe S. 47). — Der Mund des Lanzettfisches[2]) soll nach van Wijhe eine veränderte linke Kiemenspalte sein, seine Linkslage bei der Lanzettfischlarve also palingenetisch. Diese Linkslage ist aber durchaus adaptativ, sie gibt dem rotierenden Tier eine sozusagen *Paramaecium*-ähnliche, der Bewegungsweise entsprechende Spiralstruktur und besteht nur so lange, als die Larve rotiert. Als linke Kiemenspalte würde der Mund wahrscheinlich länger links bleiben. So gibt die Cänogenesislehre ein Kriterium — neben anderen, wohl stärkeren — für die cänogenetische der Natur der larvalen Linkslage des Mundes und gegen seine Homologisierung mit einer Kiemenspalte. — Mimetische Schmetterlinge galten früher als hochgradig angepaßt, durch Selektion weitgehend umgezüchtet, also in ihren mimetischen Charakteren als cänogenetisch. van Bemmelen[3]) erkennt in ihrer Färbung, Zeichnung und Form gerade die relativ konstantesten Züge der betreffenden Familien vereinigt und sagt daher einleuchtend, daß sie alt sind und als geschützt sich erhalten konnten. — Das Gastrulastadium[4]) hat die Charaktere des Palingenetischen (gleichförmig durch große Teile des Tierreichs), mithin sieht man seit Haeckel mit gutem Grunde die Gasträaden (Cölenteraten) als die Ahnen der Bilaterien an und erscheint

---

[1]) Es hat nicht viel zu bedeuten, wenn man in der Walkottschen mittelkambrischen *Marrella* einen großen fossilen adulten Naupliustyp sehen will „except for the latter limbs" (E. W. M. in „Nature", May 23, 1925, S. 800). Nauplius ist sechsbeinig, *Marrella* hat etwa 60 Gliedmaßenpaare. Sie beweist keinen sechsbeinigen Ahnentypus und kann ontogenetisch einen sechsbeinigen Naupliustypus durchschritten haben, wie viele, besonders niedere Krebse der Gegenwart es tun.

[2]) Alles nähere über die Morphologie der Lanzettfische behandelt jüngst Franz: Morphologie der Akranier. In: Ergebnisse der Anatomie und Entwicklungsgeschichte 1927 (z. Z. im Druck).

[3]) Zool. Anzeiger 52, S. 296, 1921 und in vielen in Holland erschienenen Arbeiten.

[4]) Auch ein Beispiel der Embryonenähnlichkeit.

Nierstrasz' Andeutung, die Cölenteraten seien ein mesodermverlustiger Seitenzweig[1]) (also neotenisch), wenig aussichtsreich. — Das Ei und Spermium gilt als palingenetisch, der Einzellertypus als Ahnentypus. Der gegenteilige Versuch, die Einzeller als sekundär einzellig und die Keimzellenbildung nicht als die älteste Fortpflanzungsart zu erweisen, operiert unter anderem mit ökologischen Gesichtspunkten, mit dem Hinweis auf die Zweckmäßigkeit, die der Kleinheit der Einzeller sowie derjenigen der Keimzellen eigen ist[2]). Man wird zugeben, daß diese ökologische Betrachtung nur bei Cänogenetischem gut möglich ist und z. B. bei embryonalen Gastrulastadien kaum in Frage kommt.

Was mit alledem hier gesagt sein soll, ist, daß die Cänogenesislehre dem BG nicht widerspricht, aber die Folgerungen aus ihm kontrolliert, indem sie in bestimmten Fällen solche verbietet. — Daß jederzeit zahlreiche Fälle noch nicht genügend geklärt sind für diese Alternative, liegt einfach im Wesen der wissenschaftlichen Forschung.

Es war also ganz verfehlt, das BG wegen der Cänogenesislehre zu bemängeln.

Indessen genügt das BG + Cänogenesislehre auch für die Ahnenermittlung nicht in jedem Falle.

Auf die eigentliche Schwäche des BG, die der Hypothesenaufstellung Spielraum gibt, kommen wir nunmehr. Sie ist von den Kritikern noch nicht präzisiert, obwohl sie nebenbei gefühlt sein mag, und liegt in den Worten „kurze und schnelle Rekapitulation" oder „Auszugsentwickelung" (Haeckel), somit auch schon in F. Müllers „abgekürzt" oder „verwischt".

Ausfälle oder Fehlbeträge gegenüber der Ontogenie der Ahnen kommen wohl vor, z. B. das Fehlen der Trochophoracharaktere in der Ontogenese der Oligochäten, und können zugleich Verluste an Ahnenbesitz sein (z. B. Vögel auch embryonal ohne Zähne). Sie lassen sich aber zugleich als regressives Abirren auffassen, zugleich als ontogenetische Hemmung oder partielles dauerndes Verbleiben auf frühembryonalem Zustande, also partielle Neotenie. Darüber hinaus ist ein „Überspringen" von Stadien, das die Palingenese zum „Auszug" machte, nicht feststell-

---

[1]) Bijdr. Dierkunde, Afl. 22, Amsterdam (1922).
[2]) Franz: Arch. f. Protistenk. 39. 1918. Ich möchte keinen Zweifel darüber lassen, daß diese Darlegung von 1918 in manchem andern Punkte z. Z. überholt ist.

bar und nicht einmal begrifflich faßbar. Die alte Annahme der Hineinverlegung verkleinerter adulter Stadien in die Ontogenese der Deszendenten dürfte in die Vorstellung vom „Auszug" hineinspielen.

In der Anwendung wäre dieser Punkt des BG — wenn man bei seinem negativen Charakter von Anwendung sprechen will — gefährlich: er präzisiert nichts, sondern hebt die Präzision des Satzes auf und gibt somit, wie gesagt, der Hypothesenaufstellung Spielraum. Vielleicht war es doch falsch, zu schließen, die Ahnen der Cephalopoden hätten einst ein Trochophora-, die Ahnen der höheren Krebse sämtlich (F. Müller) ein pelagisches Naupliusstadium durchlaufen. Jede ontogenetisch nicht zu erklärende phyletische Hypothese kann sich besonders mit dem „Überspringen" zu decken suchen, z. B. die Archipterygiumtheorie.

Etwas ganz anderes als ein „Überspringen" ist es, daß die Embryonalperiode im eigentlichen Sinne, d. h. das Leben vor dem Schlüpfen oder vor der Geburt, verschieden lang sein kann und oft bei den Deszendenten verlängert ist. Solche Beispiele liefert unter anderem der Vergleich von Plazentaliern und Beuteltieren (allerdings stammen wohl letztere nicht von jenen ab, sondern von den fossilen Pantotherien), von Süßwasser- und Meeresfischen, von Flußkrebs und Hummer, von *Crangon* (Nordseegarneele) und *Penaeus*: der Hummer z. B. schlüpft auf dem *Mysis*-Stadium, der Flußkrebs tut wahrscheinlich seit dem Eintritt seiner hummerähnlichen Ahnen ins Süßwasser es nicht mehr, sondern schlüpft aus dem größeren Ei gleich als fertiger kleiner Flußkrebs. „Übersprungen" wird dabei sicherlich nichts, sondern sicher muß er das *Mysis*-Stadium im Ei durchmachen, wie auch bei der Nordseegarneele das sechsbeinige Naupliusstadium anderer Garneelen (*Penaeus*) nicht „fehlt", sondern in der Eihülle durchlaufen wird — begreiflicherweise mit mehr anlageartig bleibenden Anhängen statt der Schwimmbeine freibeweglicher Nauplien. Die übrigen Beispiele liegen entsprechend. Sicher haben auch derartige Fälle schon bei F. Müller ihren Anteil an der Ansicht, daß die Ontogenese allmählich „abgekürzt" werde.

Diesem Punkt des BG ist also einiges von dem eigen, was die Kritik irrig auf die Cänogenesislehre schob.

Es wird in Zukunft besser sein, sich gegenwärtig zu halten, daß der phyletische Fortschritt die Ontogenese nicht „abkürzen" im Sinne von zusammenziehen (verdichten) kann, es sei denn — da zeitliche Abkürzung als morphologisch unwesentlich nicht in Erörterung steht — durch Embryonalbleiben von Bildungen, weniger lange Erhaltung und schließlich gänzliches Unterbleiben derselben. Beschränkt sich dieser Prozeß auf eine gewisse Anzahl von Bildungen, und zwar auf an sich larvale, so kann für den Anblick das „Überspringen" von Larvenstadien — eigentlich nur das Ausbleiben von Larvencharakteren — resultieren.

Wir werden sogleich sehen, warum die partielle Neotenie bei Aufstellung des BG noch nicht erfaßt war und somit hieraus die erwähnte Unklarheit entspringen konnte.

Ein weiterer Punkt, in dem das BG zur Ahnenermittlung nicht hinreicht, ist nämlich die Nichtberücksichtigung der phyletischen Epistase (auch Neotenie genannt), also jener Fälle wie Rädertier = geschlechtsreif gewordene Trochophoralarve.

Den Ausdruck Neotenie reserviert man am besten für die Erhaltung von Embryonal- oder Jugendcharakteren bis ins Alter, wie das Knorpligbleiben des Brustbeins beim Pferd, das unvollständige Verschmelzen der Laufknochen bei den Pinguinen. Neotenie in diesem Sinne ist stets partielle Neotenie. Denn bliebe alles jugendlich, auch das Wachstumsmaß, so würde die Ontogenese auf jugendlichem Stadium abgeschnitten vor ihrem vormaligen Ende. Dies ist z. B. der Fall des Rädertiertypus gegenüber dem Ringelwurmtypus, da das Rädertier der Ringelwurmlarve „gleicht". Auch dies wird oft Neotenie, auch Pädogenesis (besonders wenn zugleich die Fortpflanzung eine parthenogenetische ist), doch am besten mit einem von Eimer nicht durchaus in diesem Sinne geprägten Worte Epistase genannt. Epistase ist demnach für uns die mehr oder weniger totale Neotenie; diese ist zoologisch nicht möglich ohne gleichzeitiges Reifen der Keimdrüsen auf entsprechend verfrühtem Stadium oder, was auf dasselbe hinauskommt, es muß wenigstens die Keimdrüsen-Histogenese doch das Alterstadium erreichen, und zwar gegenüber den Ahnen verfrüht. Faßt man z. B. beim Rädertiertypus es so auf, was statthaft ist, so bleibt das frühe Reifen der Keimdrüsen in diesen Fällen doch der einzige mir bekannte Modus von verkleinernder Hinabsenkung adulter Charaktere in die Ontogenese.

Übrigens macht man sich leicht klar, daß phyletische Epistase auch auf Embryonenähnlichkeit hinauskommt, doch mit dem Unterschied gegenüber den meisten oben erwähnten Fällen, daß der Deszendent nicht die stärker, sondern die weniger metamorphosierende Form ist als der Aszendent. Hat das BG in praxi jenen Fällen genügt, so kann es also diesen nicht genügen.

Die Nichtberücksichtigung der Epistase und Neotenie ist nicht eine Schwäche, sondern ein Fehlbetrag des BG. Es entstehen daraus nicht unsichere und phantasievolle, sondern bestimmte, aber falsche Schlußfolgerungen.

Man mag dem BG nachsagen, daß es auch in diesem Punkte daran leidet, daß es durch phyletische Umformung der alten Parallelismuslehre entstand und sich nicht frei an der Organismenwelt selber orientierte. Immerhin würde sich dabei fragen, ob das eine „Schuld" war, ob es hätte besser gemacht werden können, und ob nicht allezeit die Formulierung von Ansichten sich ebensosehr von den schwebenden Problemen leiten läßt wie von den sich darbietenden Objekten.

Für Robinet (um 1800) und Meckel war die Vorstellung, daß der niedere Organismus gegenüber dem höheren „gehemmt" sei, ganz geläufig und die selbstverständliche Kehrseite der reinen, den höheren Organismus hinausschreiten lassenden Parallelismuslehre. Die Deszendenztheorie mußte sich entscheiden: ist der „hinausschreitende" oder der „gehemmte" Organismus der Deszendent? und verfiel begreiflicherweise zunächst nur auf das erstere. Erst später wurde allmählich geläufig, daß auch gegenteilige Fälle vorliegen können (Boas 1896, Eimer 1897, Jaekel 1902 und andere). Unter den meines Erachtens besten Beispielen von Epistase seien hier folgende erwähnt: Rädertier = Trochophora[1]), Gastrotrich = Metatrochophora, *Dinophilus* = Polytrocha, Insekten (*Hexapoda*) = Tausendfuß-(*Julus*-)Larve (sechsbeinig)[2]). Die Appendicularien sind umstritten, doch meines Erachtens = Lanzettfischlarve. Die *Perennibranchiata* (= Salamandridenlarve)[3]) und die Pinguine, die beide in mancher Hinsicht, doch nicht an Größe, auf Embryonal- bis Jugendstadium der nächstverwandten Tiere stehen, bieten Grenzfälle von Epistase gegen Neotenie. — Unter den Krebsen sind im allgemeinen die höheren gegenüber den niederen (und den Ringelwürmern) neotenisch durch geringere Ringel-(Metameren-)zahl (in andrer Hinsicht natürlich zugleich stark progressiv abirrend).

Die phyletische Neotenie i. e. S. oder partielle phyletische Neotenie wurde meines Wissens zum ersten Male von Kükenthal 1889 erwähnt, obwohl nicht unter dieser Bezeichnung, sondern als „Rückschlag",

---

[1]) = heißt natürlich auch hier niemals absolut gleich.
[2]) Metschnikoff in Z. wiss. Zool. 24. 1874.
[3]) Schon Leuckart (Isis 1821) vermutete, daß *Proteus* (Olm) ursprünglich eine Salamandridenlarve sein könne.

„Zurückbleiben auf embryonaler, also auch phylogenetischer Ausbildungsstufe" beim Persistieren des Centrale und fünf distaler Carpalien in der Hand der Cetaceen[1]); als ein weiteres Beispiel nenne ich nochmals das Knorpligbleiben des Brustbeins beim Pferd. Weiterhin wäre jeder phyletische Gestaltungsverlust zu nennen, der nicht durch „progressive" Bildungen ausgeglichen oder überkompensiert wäre. Flügellose Insekten in sonst beflügelten Gruppen sind in der Flügellosigkeit dauernd larval[2]), usw. Ein beachtlicher, jüngst von Naef[3]) herausgearbeiteter Fall von partieller Neotenie ist der des adulten menschlichen Schädels: er ist der gewölbten Schädelform des Säuglingsstadiums der Affen und Menschen ähnlicher als der adulte Affenschädel, da die Stirn des Menschenschädels sich später weniger abflacht als die des Affenschädels. Ferner ist die weiße Rasse des Menschen als solche neotenisch gegenüber den farbigen, denn wir sind dauernd weiß wie die Neger als Neugeborene. Man durchschaut, daß die Beispiele sich noch bedeutend vermehren lassen, ohne daß man so bald zu solchen käme, die sich auch anders auffassen lassen. Ist allerdings Neotenie verbunden mit starker gestaltlicher Änderung, so mag man es lieber letzterer zurechnen können (Korakoidfortsatz, Seite 15).

Vom männlichen und weiblichen Geschlecht ist nicht selten das eine in vieler Hinsicht neotenisch oder selbst epistatisch gegenüber dem anderen. Bei *Bonellia* ist das winzige ♂ näherungsweise epistatisch gegenüber dem ♀ und den Ahnen (Baltzer, der dies klarstellte, gebrauchte den Ausdruck „neotenisch")[4]); bei vielen Schmetterlingen sowie bei den Raubvögeln bleibt das ♂ an Größe hinter dem ♀ zurück; etwas öfter dürfte umgekehrt das weibliche Geschlecht in vieler Hinsicht „der Kindheit näher" bleiben, so auch bekanntlich beim Menschen (nicht in jeder Hinsicht!), wo denn auch die Schädelform etwa um die Pubertätszeit beim ♀ kindlicher bleibt, beim ♂ also affenähnlicher (Stirn flacher) wird.

Die Tiere der Gegenwart bieten bekanntlich eine Anzahl Beispiele fakultativer Neotenie. *Eucharis* und vielleicht noch manche andre

---

[1]) Denkschr. med.-nat. Ges. Jena 3, 1, S. 66.
[2]) Enderlein, G., (Kerguelen-Inseln) in Wiss. Ergebn. d. D. Tiefsee-Exped. 3, 1903.
[3]) In Naturwiss. 1926. Bekanntlich haben in den letzten Jahren auch andre Autoren auf Jugendcharaktere des Menschen im Vergleich zum Affen hingewiesen, besonders Bolk, der dafür die Ausdrücke Retardation und Fetalisation prägte, z. B. in „Die Entstehung des Menschenkinnes", Verh. Kon. Akad. Wet. Amsterdam (2), 23, Nr. 5. 1924.
[4]) Verhdl. d. Dtsch. Zool. Gesellsch. 1923.

Ctenophore kann bei Sommerwärme schon auf ganz jungem Stadium geschlechtsreif werden und im Alter nochmals[1]). *Amblystoma* sowie der in O-reichem Wasser die Kiemen behaltende *Triton* sind die bekanntesten Fälle fakultativer Neotenie[2]). Alle Geschlechtsbestimmung, natürliche wie experimentelle, entscheidet über Neotenie oder Nichtneotenie insoweit, als das eine Geschlecht gegenüber dem andern neotenisch ist.

Es ist klar, daß die phyletische Neotenie sowie Epistase auf phyletischen Rückschlag hinauskommen kann, aber nur dann wenn, und insoweit wie, der entsprechende Embryonalcharakter ein rekapitulierter war; also z. B. bei den Pinguinen in den Laufknochen. Andernfalls wird eine cänogenetische Jugendform zur selbständigen (Rädertiere, Gastrotrichen, Perennibranchiaten) und kann sie damit sogar zum Ausgangspunkt einer großen phyletischen Entwickelung werden (Ur-Insekten → Insekten).

In allen diesen Fällen würde man aus dem BG falsch schlußfolgern und hat es getan: nach dem BG sollten die Rädertiere Ahnen der Ringelwürmer sein, und sie sind nach viel zuverlässiger heutiger Auffassung deren Abkömmlinge. Nach dem BG sollten die Pinguine phyletisch sehr alte Vögel sein, was nicht möglich ist, wenn die Vögel mit *Archaeopteryx* im Baumgezweig begannen[3]). Die Perennibranchiaten sollten die fischnächsten, also die ältesten Urodelen sein; die Amphibienlarve kann aber nicht eher bestanden haben als die Amphibien, deren Typus an Land entstanden sein muß. Nach dem BG verstand man nicht das Verhältnis der Insekten zu den Tausendfüßen, da die Tausendfüße (zum Teil) ein sechsfüßiges Stadium durchlaufen. Die *Rhabditis*-förmige Nematodenlarve ist wahrscheinlich nicht palingenetisch, sondern die Gattung *Rhabditis* neotenisch; usw.

In allen diesen Fällen gleicht ein bestimmtes Jugendstadium nicht dem Ahnen-, sondern dem Deszendententypus.

Obwohl das BG das übersah, hat es mit dem Zusatz der Cänogenesislehre seinen Anteil an der Auffindung dieser Verhältnisse. Denn auf Grund der Cänogenesislehre ergab sich die Trochophora als nicht palin-

---

[1]) Chun, C., in Fauna Flora Neapel 1, 1880.
[2]) Kollmann (Verhandl. Naturf. Ges. Basel 7, 1883) schuf den Ausdruck Neotenie für dieses gelegentliche Geschlechtsreifwerden von Salamander- und Tritonlarven (bei adulter Körpergröße!), welches schon Schreibers (Isis 1833) und de Philippi (1861) bekannt war. Das Überwintern von Amphibien (Urodelen und Anuren) in Larvenform, welches auch Camerano 1883 fand, nannte Kollmann partielle Neotenie.
[3]) Stammbaum der Vögel in Franz, Geschichte der Organismen S. 773.

genetisch, also mußte für den Rädertiertypus eine andere Lösung gefunden werden, die man nunmehr hat. Und wie jede Veränderung cänogenetisch ist, so ist es natürlich auch die Epistase, also mußte die Cänogenesislehre auf sie stoßen. Epistase ist diejenige Änderung, die am meisten von allen den Deszendenten schwächer metamorphosieren läßt als den Ahnen, daher wurde sie falsch beurteilt, solange man nur in Betracht zog, daß in der Regel der Deszendent stärker metamorphosiert.

Es mag nun wieder der Anschein vorliegen, als sei beliebigen Hypothesen Tür und Tor geöffnet, da die Jugendform einmal dem Aszendenten-, das andere Mal dem Deszendententypus ähneln kann. Die Gesichtspunkte, nach denen darin die Entscheidung bei hinreichend geklärten Organisationen zu finden ist, werden uns unten beschäftigen.

Fassen wir zunächst die Ergebnisse dieses Kapitels kurz zusammen.

Die mit dem BG verbundene Meinung, daß adulte Ahnenstadien in die Ontogenese der Abkömmlinge verkleinert hineinbezogen würden, war nicht richtig. Es besteht statt dessen entweder nur Embryonenähnlichkeit („Baersches Gesetz") bei meist stärkerer ontogenetischer Metamorphose des Deszendenten (Beispiele: Wirbeltiere, Ascidien u. a. m.) oder — in Übereinstimmung mit dem Wortlaut des BG — es wird von den Deszendenten in ihrer Ontogenese über das adulte, unverkleinerte Stadium der Ahnen hinausgeschritten (Beispiele: *Lepas*, geflügelte Insekten u. a. m.). Fritz Müller unterschied das noch (im Prinzip, nicht an diesen Beispielen). Für die Ahnenermittlung war jedoch diese Unterscheidung belanglos und die Haeckelsche Fassung des BG genügend, da in beiden Fällen die Jugendform dem Ahnentypus ähnlich resultiert.

Der Begriff Cänogenesis meint starke, die Ahnenähnlichkeit verdeckende und eine neue Gestalt schaffende Veränderung. Cänogenetisches kann es nur am Palingenetischen geben, und nur so hat schon Haeckel es aufgefaßt. Sein Kennzeichen ist, daß es merklich adaptativ ist, während das Palingenetische ohne unmittelbaren Nutzen mitgeschleppt sein kann. Durch dies Kennzeichen kontrolliert die Cänogenesislehre die Anwendung des BG, indem sie sie in bestimmten Fällen verbietet.

So erklärt sich die Verwendbarkeit des BG mit dem Zusatz der Cänogenesislehre.

Dagegen kann man der unklaren Auffassung der Palingenesis als „Auszugs"entwicklung nachsagen, daß sie Hypothesen Spielraum gab.

Nicht in Betracht gezogen waren beim BG die Fälle der phyletischen Epistase und Neotenie. Sie liegen der Formulierung des BG entgegengesetzt und werden bzw. wurden daher durch Anwendung des BG auf sie falsch beurteilt.

Die Frage, ob das BG ein Gesetz ist, läßt sich nunmehr beantworten. Selbstredend kann es wie jedes nur am Lebenden geltende Gesetz noch nicht ein „Naturgesetz" sein, wenn wir darunter nur universal gültige Beziehungen von funktionaler Begriffsstruktur verstehen wollen[1]), was sich empfehlen dürfte. Es ist aber in der Biologie gebräuchlich und kaum ganz vermeidbar, von zahlreichen biologischen Gesetzen zu sprechen. Dies scheint mir statthaft, wenn es sich um in diesem Bereiche durchaus allgemeingültige Beziehungen handelt (z. B.: omnis cellula e cellula; oder: Leben = Stoffwechsel organischer Stoffe [zugleich Definition]) oder doch um so allgemeingültige, daß in den Ausnahmefällen wahrscheinlich andere, nur noch nicht auf Gesetzesformel zu bringende Wirksamkeiten interferierend den Tatbestand des Gesetzes verdecken (z. B. Zellteilungsebene senkrecht zur größten Längsausdehnung der Zelle).

Da nun, wie wir gesehen haben, die Rekapitulation, von der der Wortlaut des BG spricht, nur für einen bestimmten Bruchteil — wohl noch nicht die Hälfte — der Verhältnisse zwischen Jugend- und Ahnenform (näherungsweise) zutrifft, eben nur für die Fälle klaren Hinausschreitens des Deszendenten, wäre das BG etwa in der Fassung: die Ontogenie durchläuft Ahnenstadien, weder Gesetz noch auch nur Regel, sondern nur ein Modus unter mehreren. — Überdies treffen die Haeckelschen Worte „kurze und schnelle" („Auszugs"entwicklung) und die etwaige, geläufige Meinung, Ahnenstadien würden verkleinert durchlaufen, nicht zu.

Dagegen ergibt sich immerhin als Regel, als häufiger Fall, daß die Jugendstadien den adulten Ahnenstadien ähnlich sind. Neben dieser Regel stehen die am adaptativen Charakter relativ leicht erkennbaren, mit ihr nur interferierenden Cänogenesisfälle (Jugendstadium dem Ahnentypus unähnlich) und die etwas schwerer erkennbaren, jener Regel widersprechenden Epistase- und Neoteniefälle (adultes Stadium dem Jugendstadium des Ahnen ähnlich bzw. näherungsweise gleich). —

Nebenbei sei erwähnt, daß nun auch das im Vorausgehenden öfter erwähnte „Baersche Gesetz" natürlich kein Gesetz ist, da es gleichfalls nur einen Modus von mehreren ausspricht.

---

[1]) Bauch, B.: Das Naturgesetz. In R. Hönigswalds Wiss. Grundfragen 1, 1924.

3. Die biometabolischen Modi, ihre Anwendung und ihre Kausalität.

Wohlbegründet ist vom Standpunkt heutiger Ansprüche die Bemängelung der „biogenetischen" Regel, daß sie nicht in befriedigendem Maße biologisch und genetisch gefaßt sei. Es ist klar, daß dieser Einwurf auch die mangelnde Kausalevidenz trifft, die wir als solche schon nachwiesen.

In der Tat, Haeckels BG hat den Charakter einer Identitätsphilosophie: es besagt, zweierlei Vorkommnisse, Ontogenie und Ahnenreihe, seien näherungsweise gleich bzw. ähnlich. Weitere Identitätsphilosophien in unserer Wissenschaft waren z. B. die Auffassung Semons: Vererbung = Gedächtnis, und die Auffassung des Begründers der Tropismenforschung, Loeb: tierischer und pflanzlicher Heliotropismus (desgleichen Geotropismus usw.) seien „identisch". Jedesmal wird es alsdann die Aufgabe der weiteren Forschung, auch die Abweichungen genauer zu präzisieren, womit die Behauptung der Identität entweder hinfällt (Semon) oder bestimmte Einschränkungen erhält (Loeb).

Und selbst wenn eine solche Identitätsbehauptung, z. B. Haeckels BG, in allen Fällen zuträfe, hätten wir damit gleichsam nur das Integral gefunden und nicht seine Auflösung. Wir sähen eben damit noch nicht das Zustandekommen dieses Verhaltens.

Wie oben dargelegt, hat die Auffassung älterer Autoren bis F. Müller (1864) diese Kausalevidenz bis zu gewissem Grade geboten, und die Müllersche, phylogenetische Auffassung fing tatsächlich quasi beim Differenzialquotienten $\frac{\delta \text{ Ontogenese}}{\delta \text{ Zeit}}$ an. Es wird uns nichts anderes übrigbleiben, als dort wieder einzusetzen und dann allerdings nach Möglichkeit die heutigen Kenntnisse in Betracht zu ziehen. Statt der Auskunft „die Ontogenie ist ... Phylogenie" müssen wir also in Zukunft die umgekehrte anstreben „die Phylogenie ist ... Ontogenie". Wir wollen die Phylogenie erklären aus Änderungen der Ontogenie, denn diese sind das Primäre.

Seit 1917 hat besonders Naef in mehreren Arbeiten in dieser Weise zu reformieren gesucht; es ist dies ein Teil seiner Bemühungen um neue methodische Begründung der Morphologie und „Phylogenetik" (Naef) und meines Erachtens der logisch wesentlichste[1]).

---

[1]) Denn die übrigen, z. B. die Umgrenzung von „Typen", sind weniger reformierend als präzisierend oder Bemühungen um Fortschritte an Ge-

"Wir sehen", sagt Naef[1]), "in der Ontogenese jedes Individuums die Wiederholung derjenigen seines Elters, Großelters, Urgroßelters und so zurück bis zu weitentlegenen Ahnen." Das war, wie oben dargelegt, schon die Art und Weise zu "sehen" des berühmten hierin vergessenen Fritz Müller, und das wollen also auch wir. Die Erfahrung zeigt aber, daß Naefs theoretische Betrachtungen zahlreiche Morphologen wenig befriedigen, und das hat seinen Grund darin, daß Naef in hohem Grade Analytiker ist und sein will, während die "Form", der Gegenstand der Morphologie, doch ein synthetischer Begriff bleibt. Naef zeigt in der Tat wenig Neigung, Begriffe wie das Hinausschreiten, die Cänogenesis, die Epistase und Neotenie in seine Formulierungen hineinzuziehen, obwohl er sie kennt und nur dem Hinausschreiten seine Anerkennung gänzlich verweigern möchte[2]). Gewiß, auch die Epistase ist bloß "Änderung", doch nur, wenn die Null eine Größe ist. Jene Begriffe sind bei Naef nur kurz behandelt in seiner ersten und meines Erachtens besten theoretischen Schrift[3]), und selbst dort schon fehlen sie, wie wir bei den notwendigen Ansprüchen der Morphologie es auffassen müssen, den "Leitsätzen"; ebenso später dem von Naef als Kernpunkt behandelten "Gesetz der konservativen Vorstadien". Nach diesem Gesetz soll jedes ontogenetische Stadium konservativer sein als das ihm folgende und somit als das adulte. Dieses Gesetz trifft also nur die Baerschen Fälle[4]) (oder faßt alle als solche auf!); es kommt mithin beim regulären stärkeren Metamorphosieren des Deszendenten, das Naef 1919 und besonders 1917 sehr betont, auf Ahnenähnlichkeit des Jugendstadiums hinaus, wird also den Fällen von Ahnenunähnlichkeit (Cänogenesis) nicht gerecht und kann demgemäß für die Ahnenermittlung keine andern Handhaben bieten als das bloße Haeckelsche BG ohne die Cänogenesis-

---

nauigkeit und erreichen meines Erachtens nicht so viel Sicherheit, wie der Autor von Fall zu Fall meint, weil das morphologische Material sie nicht hergibt.

[1]) Naef, A.: Idealistische Morphologie und Phylogenetik. Jena 1919. S. 58.
[2]) Die von mir oben herangezogenen Beispiele vom Hinausschreiten werden bei Naef nicht behandelt.
[3]) Naef, A.: Die individuelle Entwicklung organischer Formen als Urkunde ihrer Stammesgeschichte. Kritische Betrachtungen über das sogenannte "biogenetische Grundgesetz". Jena 1917.
[4]) Zur Theorie der Forschungsgeschichte ist es interessant, wie also auch hier ein neuer Satz durch phyletische Umformung eines vorphyletischen des Baerschen) geschaffen wird.

lehre. Es ist daher kein Wunder, wenn gerade wieder von intensiv am Objekt arbeitenden Phylogenetikern nicht leicht ein Fortschritt in dem besagten Naefschen Gesetze erkannt wird, denn es wiederholt sich an diesem dasselbe wie (nach S. 14) beim Baerschen Gesetz. Der Fortschritt des Autors darin, möglichst präzise herausgeschält, liegt immerhin im Vorsatz, die Phylogenie wieder ontogenetisch zu sehen, wenn auch bei bisher nur partiell zureichender Durchführung desselben.

Die Gesamtheit der begegnenden oder uns an Beispielen oben begegneten Fälle gestattet indessen, folgende vier **Modi** des Verhältnisses der Onto- zur Phylogenie aufzustellen:

Die phyletischen Änderungen der Ontogenese lassen sich einteilen in

1. Hinausschreiten, Verlängerung oder **Prolongation** der Ontogenese über das vormalige adulte Stadium hinaus. Einige der markantesten Beispiele wurden erwähnt S. 19 ff., es sind die Beispiele zutreffenden Wortlauts des BG.

2. Abkürzung oder **Abbreviation** der Ontogenese gegenüber dem vormaligen adulten Stadium. Beispiele S. 32 ff. = Epistase- und Neoteniefälle.

3. Abweichung oder **Deviation** der Ontogenese gegenüber ihren entsprechenden vormaligen Stadien. Die Deviation tritt, soweit wir es bisher überblicken können, in zweierlei Art auf:

a) je Stadium **zunehmend**. Beispiele S. 14 ff. = Baersche Fälle,

b) auf ein bestimmtes Stadium beschränkt oder doch auf ihm **kulminierend**. Beispiele S. 25 ff. = Cänogenesis-Fälle[1]).

An Stelle des BG und der Cänogenesislehre tritt also, weil sie nicht erschöpfend sind und für heutige Zeit zu sehr der genetischen Klarheit entbehren, die Kennzeichnung der vier **biometabolischen Modi:**

1. Prolongation, 2. Abbreviation, 3. ontogenetisch zunehmende und 4. ontogenetisch kulminierende **Deviation der Ontogenesis.**

Es sind nicht etwa nur morpho-metabolische Modi, nur ist die Morphologie das Sinnfälligste an der Onto- wie Phylogenie und am Organismus überhaupt. Das physiologische Verhältnis der Onto- zur Phylogenie ist seinerseits dem morphologischen notwendig proportional, stets einem entsprechenden Wechsel unterworfen, z. B. bei den Kiemenspalten:

---

[1]) (Zusatz bei der Korrektur.) Da die Worte Verlängerung und Abbreviation sich auch in einer vor wenigen Tagen (4. März 1927) erschienenen Arbeit Sewertzoffs, Jen. Zeitschr. 61, Heft 1, finden (Duplizität der Fälle!), sei genau beachtet, daß sie dort andern Sinn haben als hier.

Fisch: embryonale Kiemenspalten funktionslos, postembryonal Kiemen wasseratmend;

Säuger: embryonale Kiemenspalten funktionslos, postembryonal Lunge luftatmend;

hier besteht also auch physiologisch nur und durchaus Embryonenähnlichkeit; desgleichen in allen ähnlichen Fällen; z. B. entsprechen Larvenkiemen von Insekten dem Wasserleben[1]), ihr Fehlen dem Landleben, und entsprechende Betrachtung, oft viel kompliziertere, gilt für jeden Fall. Bunge erblickte einen Fall des BG darin, daß der Salzgehalt (des Knorpels) beim Säuger (Kalb) vom Embryonalzustande an ständig abnimmt, dem ehemaligen Meeresleben der Vertebraten entsprechend[2]). Für uns wäre das natürlich nur ein Fall von Embryonen-„gleich"heit, doch ein rein physiologischer, ohne entsprechende Organbildung. Ein weiterer solcher dürfte in der Tatsache liegen, daß der Wassergehalt des Organismus im allgemeinen ontogenetisch ständig abnimmt oder das Altern bis zu gewissem Grade ein Austrocknungsprozeß ist. Selbstredend muß auch jede morphologische Prolongation und Abbreviation von entsprechender physiologischer begleitet sein. —

Die Kennzeichnung der vier biometabolischen Modi hat bei all ihrer Klarheit zwar noch die Unschärfe, daß in letzter Linie alles als Deviation im Sinne von Abweichung, Veränderung, aufgefaßt werden kann, und außerdem die verschiedenen Modi zusammenwirken können. Ich glaube aber, dabei muß es einstweilen verbleiben, „solange die Morphologie nicht Physik ist". Die Aufstellung der biometabolischen Modi trägt der durch die Objekte in erster Linie gebotenen morphologischen Begriffsbildung Rechnung, da Gestaltungsprinzipien das sind, was wir finden und charakterisieren müssen, und das Zusammenwirken der diversen Modi nicht oft in sogleich auffallendem Maße statthat.

Wir können uns daher zunächst mit der Anwendung der biometabolischen Modi auf die Ahnenermittlung beschäftigen.

Die einfache Umkehrung jener vier Aussprüche (S. 39) ergäbe da zunächst nur so viel:

Ein ontogenetisches Durchgangsstadium kann

1. einem adulten Ahnentypus gleichen,

---

[1]) Das Vorhandensein von Kiemen bei Insektenlarven erachte ich, wie überhaupt das Wasserleben von solchen, für das Sekundäre, Cänogenetische oder Deviierte.

[2]) Zeitschr. f. physiol. Chemie 28, 1899, S. 452.

2. einem adulten Abkömmlingstypus gleichen,

3. nur einem Durchgangsstadium des Ahnen- und Abkömmlingstypus mehr oder weniger ähneln,

4. (= 3b) eine in erheblichem Maße phyletisch neu gewesene Gestalt haben.

Wie schon dargelegt (S. 23), kommt für phyletische Schlußfolgerungen 3. auf dasselbe hinaus wie 1. Mithin kommt „in praxi" in Betracht, daß das Durchgangsstadium ahnenähnlich (palingenetisch c. gr. s.) (1, 3), neu (4) oder deszendentenähnlich (enkelähnlich, kindähnlich) (2) sein kann; wobei selbstverständlich „ahnenähnlich" sowie „neu" nicht ausschließt, daß das Stadium zugleich einem Deszendenten ähnlich wäre: eine Anzahl normaler embryonaler Vogelcharaktere sind sowohl ahnen-(reptilien-) wie (S. 34) deszendenten-(pinguin-)ähnlich; die Trochophora ist cänogenetisch und zugleich deszendentenähnlich.

Verwertbar wird jener vierteilige Satz erst durch die folgenden Zusätze, die sich aus den Beispielen im vorigen Kapitel ergeben:

1. Ahnenähnlichkeit des Durchgangsstadiums ist der häufigste Fall. Insbesondere ist ein Durchgangsstadium ahnenähnlich (palingenetisch c. gr. s.) und darf somit eine ihm ähnliche adulte Form, wenn eine solche existiert, c. gr. s. als Ahnentypus gelten,

a) wenn es freilebend und dem vergleichbaren adulten Typus größengleich ist (Kopepodidstadium, *Mysis*-Stadium) und ganz besonders wenn es zugleich bei den verschiedenen Arten in verschiedenem Milieu lebt (Campodeoidstadium);

b) wenn es ein früh-ontogenetisches oder Embryonalstadium ist, das in wesentlichen Charakteren nicht adaptativ, vielmehr ein Gestaltungsumweg und dem Embryo der vergleichbaren adulten Form an Größe und Form ähnlicher als ihr selbst ist und, physiologisch betrachtet, auf eine andere Lebensweise als die adulte berechnet ist (Fischstadium, Gastrulastadium) (Baersche Fälle);

c) wenn die entsprechende adulte Form sich dem Stammbaum einordnen läßt.

2. Neuheit (Cänogenesis) ist ein nicht seltener Fall. Ein Durchgangsstadium — oder auch das ontogenetische Endstadium — ist neu (cänogenetisch), wenn es

a) in wesentlichen Charakteren in Berührung mit der Außenwelt und ausgesprochen adaptativ ist und nur im ziemlich scharf bestimmten Milieu vorkommt (Trochophora, Nauplius, Tiefseefische) oder zeitlich mit einer bestimmten Lebensführung zusammenfällt (Linkslage des larvalen Amphioxusmundes);

b) wenn es als selbständiger Typus am Stammbaum nicht unterzubringen wäre.

3. **Deszendentenähnlichkeit** ist der relativ seltenste Fall, obwohl nach heutiger Kenntnis nicht mehr vereinzelt. Ein Durchgangsstadium ist deszendentenähnlich oder ein ihm ähnlicher adulter Typus ist ihm gegenüber epistatisch, oder umgekehrt: ein adulter Typus ist einem Durchgangsstadium seines Ahnen ähnlich,

a) wenn er am Stammbaum nicht anders unterzubringen (d. h. jedem im Stammbaum untergebrachten Typus unähnlich) ist (Epistase von Cänogenetischem, z. B. Rädertiere, Apterygoten);

b) wenn er sich zwar allenfalls am Stammbaum unterbringen ließe, aber dem entsprechenden Durchgangsstadium noch ähnlicher ist als einem vorhandenen oder durch Interpolation erschließbaren Ahnentypus (Epistase von Palingenetischem, z. B. näherungsweise bei den Pinguinen, während vielleicht kein ganz vollständiger Fall, der nicht besser als Neotenie aufzufassen wäre, vorliegt).

Da es, wie im vorigen Kapitel ausgeführt wurde, nichts Cänogenetisches ohne Palingenetisches geben kann und nichts Epistatisches oder Neotenisches, das nicht eo ipso zugleich cänogenetisch — obwohl negativ, vermindernd — wäre, so kann es nur dem ersten Anblick des jeweiligen phyletischen Bildes genügen, wenn die ganzen „Stadien" (Durchgangsstadien) durch obige Kriterien gekennzeichnet werden. Genau genommen gelten die Kriterien nicht einmal für die einzelnen Organe oder Bestandteile, die mit entschiedenem Übergewicht nach der einen oder anderen Seite das Stadium zusammensetzen, sondern nur für das Wesentliche an der Ausbildung — Form und Funktion — von Bestandteilen.

Daher läßt sich oftmals nur ein Partialcharakter eines Durchgangsstadiums nach den genannten Gesichtspunkten beurteilen als ahnenähnlich (z. B. der Schwanz des menschlichen Embryos), cänogenetisch (z. B. Flossenverlängerung bei *Macrurus*-Larven [*Teleostei*]) oder als deszendentenähnlich und beim Deszendenten dann als neotenisch (z. B. Stirnwölbung der Affensäuglings). —

Vielleicht scheint das mangelhafteste der erwähnten Kriterien das zu sein, ob ein Typus „am Stammbaum unterzubringen" sei oder nicht. Denn sie sollen doch selber der Ahnen- und somit der Stammbaumermittlung dienen. Die Sache liegt aber so, daß ein gewisses Maß Stammbaumvorstellungen jederzeit vorher schon vorhanden ist, bevor für diesen oder jenen Fall das Verhältnis der Onto- zur Phylogenie eruiert wird. Nannte doch schon Haeckel als „Grundpfeiler" der Phylogenie neben der Embryologie auch die vergleichende Anatomie und die Paläontologie. Somit beruhen die in diesem Sinne jeweils primären, noch nicht ontogenetisch geprüften Stammbaumvorstellungen großenteils auf der Möglichkeit, die adulten Formen in Reihen zu registrieren, da diese Reihen am einen Ende konvergieren; z. B. führt die Formenreihe der Krebse sowie die der Antennaten (Insekten, Tausendfüße und *Proantennata* [*Peripatidae*]) jede mit einem Ende auf den Ringelwurmtypus hin. Dabei kann die Beurteilung, welches Ende historisch der Anfangs- und welches der Endpunkt sei, oder das „untere" bzw. „obere" Ende, beim heutigen Stande der Forschung auf folgenden vier Kriterien beruhen: 1. Unter zwei vergleichbaren Formen ist mit größerer Wahrscheinlichkeit die kompliziertere der Deszendent; doch hat dies älteste Argument allmählich viel von dem anfänglich ihm beigelegten Wert verloren, weil nach heutiger Kenntnis zu viele gegenteilige Fälle jene Wahrscheinlichkeit herabsetzen, obwohl sie größer bleibt als $1/2$. 2. Mit Gewißheit ist diejenige Form der Deszendent, welche gegenüber der anderen entweder „bizarr", d. h. unregelmäßig, oder im Gegenteil „vervollkommnet", d. h. durch größere Differenzierung und Zentralisation ausgezeichnet ist; oder umgekehrt: diejenige ist der Ascendent, welche gegenüber der anderen regelmäßig und partikularistisch gebaut ist (z. B. strenge Metamerie gegenüber ineinandergeschobener). 3. Das paläontologische Argument: diejenige Form ist der Ascendent, die durch ähnliche seit älterer Zeit vertreten ist als die andere, oder die nur in älterer Zeit vertreten ist. 4. kommt als nicht unwesentlich das historisch-ökologische Moment in Betracht: das Leben muß im Wasser oder doch im Feuchten entstanden sein, fliegende Tiere aus Baumtieren, Polychätenabkömmlinge müssen mit hoher Wahrscheinlichkeit im Meere wurzeln, die Insekten an Land, usw. — „Konvergent" nennen wir eine Formenreihe mit Bezug auf eine andere, wenn sie mit ihr auch nach oben konvergiert und zwar durch Cänogenesis; das gilt wieder sowohl für ganze Tiere wie auch für einzelne Organe. „Parallel", „homoplastisch" oder „homöolog" nennen wir Bestandteile (Organe), die in divergenten Reihen an homologer Körperstelle in gleicher Form auftreten und im Grundzuge nicht adaptativ sind.

Etwa mit der Gesamtheit dieser Argumente (S. 41—43) hat die phyletische Forschung bisher zum Teil bewußt, oft auch mehr intuitiv gearbeitet und ein beträchtliches Maß übereinstimmender Ansichten erzielt. Darauf, daß es oft ohne vollständige, übersichtliche Rechenschaftsablage über die Argumente geschah, wie denn z. B. das Mißverhältnis der Epistase zum BG bisher nicht einmal ein Gegenstand des Einspruches gegen das BG war, beruhte zweifellos mancher Fehlschluß. Und somit mag vorstehender Überblick geeignet sein, in Zukunft bei schwierigen Abstammungsfragen zur möglichst vielseitig begründeten Antwort zu verhelfen. Denn unter anderem ist es ein Mangel, daß man bisher nur wenig das historisch-ökologische Argument in Betracht zieht. Und die „Intuition" gar, die impulsive Schlußfolgerung ohne scharf bewußte vollständige Analyse ihrer einzelnen, feinen Motive, ist bekanntlich gefährlich und nur in hinreichend orientierten Köpfen glücklich, andere unterliegen quasi optischen Täuschungen. Bei Haeckel lobt man wohl die Fähigkeit zur glücklichen Intuition (wenn man sie nicht tadelt). Doch wollen wir nicht vergessen, daß Haeckel auch der erste und größte Methodiker der Phylogenie war, der ihr die Grundlagen auseinanderlegte, die jener Zeit (1866 bis etwa 1874) zugänglich waren und für Jahrzehnte genügten.

Die biometabolischen Modi enthalten zwar eine gewisse Kausalerklärung der Phylogenie, sind aber selber nur deskriptive Begriffe und verlangen somit ihrerseits wiederum ihre eigene oder entwickelungsmechanische Kausalerklärung.

Es ist selbstverständlich, daß wir darin nicht bis auf letzte Elemente kommen werden in einer Zeit, wo die Entwickelungsmechanik nur in den wenigsten Fällen „Mechanik" (Physik und Chemie) ist und großenteils vielmehr auf biologische, also in erster Linie deskriptiv gefaßte Prinzipien trifft, die das ontogenetische Geschehen zusammensetzen, bewirken und somit „erklären".

1. Beginnen wir, in unserer bisherigen Reihenfolge verbleibend, mit der Frage: Wie kann Prolongation oder Hinausschreiten ursächlich zustande kommen?

Prolongation ist an und für sich ein Mehr-Werden, im allgemeinen ein Größer-Werden. Handelte es sich um mehr oder weniger reines Größerwerden, so wüßten wir eine ganze Anzahl Wege zu nennen, auf denen das Organismenreich solches nach unseren Vorstellungen zustande bringen könnte: durch reichlichere Nahrungsaufnahme (das Verlangen nach einer solchen mag [eventuell durch Selektion der so veranlagten Genotypen] erbfest werden können), durch reicheren Dotter, durch längeres Embryonalleben, durch Bereitstellung von Hormonen (denn solche sind nur bei dem durchschnittlich körpergrößten Tierzweige, den Wirbeltieren bekannt), durch Polyploidie (die tetraploide *Artemia* hat nicht nur doppelte Chromosomenzahl, sondern auch doppelte Kern- und Zellengröße, daher notwendig doppelte Körpergröße[1]), vielleicht durch Vermehrung der Chromosomenzahl überhaupt (denn höhere Tiere haben wohl durchschnittlich mehr Chromosome als niedere)[2], endlich allgemein durch Auftreten von sonstigen, nicht näher definierbaren Genen für Körpergröße (wie solche wohl durch das Luxurieren von Bastarden menschlicher Rassen angezeigt werden)[3]. Eine einigermaßen erhebliche Größenzunahme kann nie eine ganz „reine" sein, da sie nicht möglich wäre ohne gleichzeitige Änderung der Proportionen, mindestens aus „teleologischem" Grunde (wird eine Maschine genau proportional vergrößert hergestellt, so ändert sich ihre Leistung nicht proportional), vielleicht auch aus unmittelbar mechanischem Grunde (so vielleicht bei *Artemia*). Bei den Prolongationen handelt es sich nicht um Vergrößerungen, sondern im Wesen der Sache um Weiterentwickelung, eine Entwickelung also, an der die vorherigen sämtlichen und nunmehrigen Jugend-Stadien im wesentlichen nicht teilhaben.

Eine gewisse Aussicht, dies zu erklären, bieten unter dem Erwähnten fast nur die Hormone, also die theoretische Deduktion, eine Tierform werde in ihrer Phylogenese von da an über ihren vormaligen Endzustand hinausgeschritten sein, wo sie auf dem vormaligen Endzustande ein

---

[1] Artom, C., z. B. in Internat. Revue 16. 1926.

[2] Vgl. auch die Betrachtungen zur Phylogenie der Chromosome in Haeckers „Pluripotenzerscheinungen" (Jena 1925) S. 127.

[3] Im Grunde müssen wir wohl jede phyletisch wirksame Änderung auf das Auftreten, Schwinden oder die Änderung eines „Gens", also auf eine „Mutation" gedanklich zurückführen; diesem Gedanken ordnet sich also das eben Erwähnte und alles Folgende im wesentlichen ein. Es müßte denn sein, man wolle sich nicht der Annahme verschließen, die doch manches für sich hat und unlängst von Rensch bei den Schillerfarben der Vögel (Journ. für Ornith. 73, 1925) verteidigt wurde, daß Somationen, soweit sie „Scheinvererbung" zeigen, auch erbfest werden können durch Kumulation in zahlreichen Generationen, in welchem Falle sie sich für unsere Begriffsbildung nicht bestimmt vom Auftreten eines Gens unterscheiden lassen würden.

Hormon zu bilden begann; so könnte ein lanzettfischartiges Tier die Hypobranchialplatte (den Endostyl) zur Schilddrüse umgebildet haben und durch deren Hormon befähigt worden sein, über den Lanzettfischzustand hinauszuwachsen. Allerdings würden wir uns kaum vorstellen können, irgendein Tier bilde erst im „adulten" oder weit vorgeschrittenen Zustande irgendeine Drüse aus. Auch treten bei Froschlarven — wo die Abhängigkeit des Wachstums von inkretorischen Drüsen, nicht zum wenigsten von der Schilddrüse, ziemlich klar liegt[1] — diese Drüsen sämtlich auf geringerer als Lanzettfischgröße auf und beginnt die Füllung der Schilddrüsenfollikel mit Kolloid schon auf ziemlich jungem Kaulquappenstadium. Vielleicht aber behöbe sich so manche solche Schwierigkeit dadurch, daß unsere Auffassung vom Vorkommen „reinen" Hinausschreitens zu theoretisch, zu „rein" wäre. Insbesondere auf Wirbeltiere trifft sie ja überhaupt nicht zu, wie oben dargelegt wurde. Bei Wirbellosen wiederum kennen wir zwar kaum inkretorische Drüsen. Doch mag auf dem angedeuteten Wege in Zukunft eine Erklärung zu erhoffen sein für solche Fälle wie z. B. die phyletische Umbildung eines Kopepoden in eine Lepas oder eines Apterygoten in einen Flügelkerf usw.

Nicht ganz bliebe dies die einzige Erklärungsmöglichkeit dafür. Weiterhin entspräche unseren Vorstellungen gleichfalls: die Änderung aller oder einer Mehrzahl von Genen (oder womöglich auch eines einzigen?) derart, daß sie zeitlich längere Wirksamkeit behalten und somit ein weiteres Wachstum hervorrufen, das andere Teile nach sich zieht. Doch ist diese Betrachtung sehr unbestimmt und nahezu bloße Dialektik. Sie umfaßt damit zugleich alle weiteren Erklärungsmöglichkeiten, und wir sind hier am Ende unserer Weisheit!

2. Die Abbreviation ließe sich nun, das ist ohne weiteres klar, in umgekehrter Weise ursächlich erklären: also besonders einmal durch Verlust eines Hormons, zweitens durch Schwächerwerden von so und so vielen Genen. Dabei könnte man weiter deduzieren, die erstere Auffassung würde zur Erklärung der Epistase genügen (mit Ausnahme des Verhaltens der Keimdrüsen bei ihr), die letztere (mit Goldschmidt)[2]

---

[1] Harms, W.: Individualzyklen. Schriften d. Königsberger Gel. Ges. 1, 1, S. 43. 1924.

[2] Arch. f. mikroskop. Anat. u. Entwicklungsmech. 98. 1923. — Goldschmidts neuestes Buch „Physiologische Theorie der Vererbung" (1927) kam erst am Tage des Manuskript-Abschlusses der vorliegenden Arbeit in meine Hand.

mehr zur Erklärung der partiellen Neotenie. Doch können wir uns noch nicht entfernt darauf festlegen, diese beiden Fälle so auseinander zu halten. Die „fakultative" Abbreviation (S. 33) dürfte meist von außen her bedingt, also phänotypisch sein und daher Handhaben zur Erklärung phyletischer genotypischer Abbreviation kaum unmittelbar bieten, allenfalls mittels der oben (S. 45 Fußnote 3) erwähnten, noch problematischen Kumulation von Somationen.

Das Verhalten der Keimdrüsen würde sowohl bei der Prolongation als auch bei der Abbreviation eine Erklärung für sich verlangen, da sie bei jener unreif bleiben bis zur vollendeten Prolongation und umgekehrt bei der Abbreviation in Frühreife eintreten. Die weitgehende Unabhängigkeit von Keimdrüsen und Soma ist zwar ein bekanntes entwickelungsmechanisches Prinzip; für den Eintritt des Reifens der Keimdrüsen im rechten Zeitpunkt aber haben wir eine Erklärung noch nicht, und beinahe will es scheinen, als sei da die Annahme irgendeiner Abhängigkeit der Keimdrüsen vom Zustande des Somas doch erforderlich.

Die ursächliche Erklärung der ontogenetisch zunehmenden Deviation dürfte anders und prinzipiell etwas weniger schwierig liegen. Tritt auf irgend einem Stadium der Ontogenese irgendeine Änderung gegenüber der Ontogenese der Vorfahren auf, so ist zunächst ohne weiteres denkbar, daß sie sich in jedem späteren Stadium stärker bemerkbar macht. Insbesondere kann auch ein einfacher, während der Ontogenese dauernd wirksamer, einheitlicher Vorgang sich sehr wohl in der mannigfaltigsten Weise auswirken. Die hypothetische Umbildung des Lanzettfisches in den Cranioten sei uns hier ein Beispiel, das ich um so lieber heranziehe, als es auf meiner eigenen Spezialforschung beruht, und solche doch immer verhältnismäßig sicherer geht als die nur theoretische Diskussion herrschender Ideen. Ich konnte darlegen, daß zur Umbildung des Lanzettfisches (*Branchiostoma*) in einen Cyclostomen nichts anderes nötig erscheint, als dem Lanzettfisch die Befähigung zu intensiverer Zellbildung zu geben, die ihrerseits auf reichlicherem Dotter beruhen mag: dann kommt das Bindegewebe vom membranösen auf den mesenchymatischen Zustand, somit wird der Kiemendarm an seiner Verlängerung nach hinten gehemmt und der Peribranchialraum eingeengt auf die Kiemengänge einer *Myxine*; Sclerotom, Darm und Leberblindsack, Stirnbläschen und Epidermis kommen über den Zustand einschichtiger Epithelien hinaus, das Unterhirn staucht das vordere Chordaende, die Vorderdarmvene wird gestaucht zum S-förmig gewundenen Herzschlauch, dem Rückenmark entwachsen Spinalganglien, usw. (näheres am auf S. 28 angegebenen Orte). Kurzum, ein einheitliches, einziges Prinzip genügt hier, um den Organismus nicht nur weiterzuentwickeln, sondern auch auf jedem Stadium umzuformen und auf komplizierteren Zustand zu bringen, und das ist gerade das, was die Stufen der Wirbeltiere auszeichnet: ontogenetisch zunehmende Deviation mit stärkerem Metamorphosieren des Deszendenten.

Mit dieser klaren Betrachtung, die übrigens gestattet, den heutigen Lanzettfisch noch als den direkten Ahnen der Cyclostomen zu betrachten, will ich natürlich dennoch nicht sagen, daß die regere Zellbildung das einzige wirksame Prinzip gewesen sein muß. Es reicht zur Erklärung hin, insofern sich zurzeit nicht exakt nachweisen ließe, daß es noch manches unerklärt ließe. Doch wurde unter 1 schon angedeutet, daß auch das Auftreten von Hormonen wirksam hinzugekommen sein kann.

Ähnlich liegen gewisse Betrachtungen Goldschmidts (l. c.) über das Farbenmuster der Schmetterlinge: Goldschmidts Schüler Süffert zeigte, daß bei *Thais* nacheinanderfolgende Bildung von rotem, gelbem und schwarzem Pigment immer die jeweils eben fertig gewordenen Schuppen färbt, so daß eine Änderung des Tempos der Pigmentaufeinanderfolge ein ganz anderes Farbenmuster ergeben müßte.

Ferner wird in manchen Fällen die gegenseitige Einwirkung von Teilen, die bei den Umformungen der Gesamtgestalt mit einander in Berührung kommen, noch eine wesentlich vielseitigere sein als z. B. das bloße Raumeinnehmen, mechanische Hemmen und Stauchen, mit dem die Betrachtung der Umformung Lanzettfisch→Craniote auskommt. Da werden z. B. gegenseitige chemische Beeinflussungen in Betracht kommen und nicht zum wenigsten die „organisierenden" oder „induzierenden" gestaltenden Wirkungen, von denen Spemann und seine Schüler uns wunderbare Beispiele bekanntgaben[1]), und die wohl zweifellos ein sehr verbreitetes Prinzip sind. Es ist vielleicht nicht zu viel gesagt, daß jedes wichtigere Organ in der Ontogenese um sich herum seine Hilfsorgane, wie z. B. Hüllen, „induzieren" oder hervorrufen wird, wenigstens bis zu gewissem Grade.

Kurzum, ein prinzipielles kausales Verstehen der ontogenetisch zunehmenden Deviation bis zu der heute überhaupt zu erwartenden,

---

[1]) Spemann, H.: Zur Theorie der organischen Entwicklung. Rektoratsrede, Freiburg i. B. 1923 (Speyer & Kaerner). — Derselbe a. and. O.

nicht erschöpfenden Tiefe der Erklärung stößt auf Schwierigkeiten nicht. Wir haben der Möglichkeiten viele, deren Gemeinsames ist: eine Veränderung wirkt weiter; und es dürfte von Fall zu Fall in Zukunft möglichst die zutreffende herauszusuchen sein.

4. Die **ontogenetisch kulminierende Deviation**, also z. B. die Bildung von Larvenorganen, hat gegenüber der vorigen das Besondere, daß sie in der weiteren Ontogenese wieder abklingt. Dies ist also an ihr das, was wir noch zu erklären suchen müssen. Erhebliche prinzipielle Schwierigkeiten bestehen für den bisherigen Grad der Beurteilung auch da nicht. Es kann eine Deviation rein quantitativ zu schwach sein, um bis zum Endpunkte der Ontogenese sich durchzusetzen, vielleicht ganz besonders dann, wenn der Endpunkt durch eine Metamorphose im engeren Sinne erreicht wird, wie bei den Insekten, wo Larven wenigstens in der Farbe verschieden aussehen können bei gleichen Volltieren[1]). Es kann ferner ihr Quell, falls er lokalisiert ist und z. B. durch eine inkretorische Drüse oder durch ein Organisationszentrum dargestellt würde, infolge sonstiger Deviationen unterdrückt werden. Nicht minder aber kann die wunderbare biologische Fähigkeit der Regulation, das positive Sichselbstkorrigieren des Organismus, wieder die Oberhand gewinnen und somit den ontogenetisch früh erschienenen Bestandteil in der weiteren Ontogenese unterdrücken. —

Gesondert in Betracht ziehen müssen wir noch die **rückgängige Deviation** oder phyletische Rückbildung im Sinne von Rückkehr zu Ahnenstadien. Die Erklärung kann zum Teil gesucht werden im Fortfall des Anlasses, der gemäß den vorstehenden Deduktionen die Bildung hervorrief, und damit im Fortfall oder im Schwächerwerden des Gens, das dem sichtbaren Vorgang zugrunde liegt. Eine phyletische Entwickelung zum Ahnentypus zurück ist zwar vielleicht niemals genau der Fall. Die Tatsache jedoch, daß, wie Plate unlängst darlegte[2]), die phyletische Rudimentation von Organen mit dem phyletisch jüngsten Bestandteil derselben zu beginnen pflegt und die ältesten Teile am längsten bestehen

---

[1]) So bei Goldschmidts *Lymantria*-Raupen (Arch. f. mikroskop. Anat. u. Entwicklungsmech. 101, 1924), ferner nach Hein (Entomol. Mitteilungen, herausg. v. Dtsch. Entomol. Inst. d. Kais.-Wilh.-Ges. Berlin, 12, 1923, S. 121) bei den Mehlkäferlarven (3 Rassen, jede dunklere als mehr oder weniger dominant über die hellere bezeichnet; Käfer bei den beiden helleren gleich, bei der dunkleren dunkler, auch nach Kreuzung).

[2]) Plate, L.: Lamarckismus und Erbstockhypothese. Zeitschr. f. ind. Abstammungs- u. Vererbungslehre 43, 1926.

bleiben, läßt wenigstens in umgrenzteren Fällen, wie beim Sehorgan der Wirbeltiere, eine Beziehung zu Goldschmidts soeben schon ein paar mal herangezogener Theorie der abgestimmten Reaktionsgeschwindigkeiten durch Stärker- bzw. Schwächerwerden von Genen nicht für unmöglich erachten. In anderen Fällen, wo die phyletische Rückbildung nicht zum Ausgangspunkte zurückführt, wie z. B. eine einmal überwundene schematische Metamerie sich bei den Deszendenten in der Phylogenie nie wieder als Norm rein herstellt, während sie als sogenannte atavistische Abmormität bis zu gewissem Grade wieder auftreten kann (Goldschmidt l. c.: segmentale Hoden noch bei größeren Schwammspinnerraupen), dürften zu viele Vorgänge ineinandergreifen, um beim Fortfall einiger derselben noch eine einigermaßen rückläufige Phylogenie zu gestatten. Denn sicher arbeitet die Natur komplizierter als unsere Deduktionen. Insbesondere können wohl auch neue positive Prozesse dermaßen umgestaltend eingreifen, daß sie die alte Gestalt zerstören und eine neue, im ganzen rohere herstellen. Zum Beispiel erklärt sich die „Rückbildung" lanzettfischartiger Wesen zur Ascidie durch Übergang zum Festsitzen und eine Zunahme an Bildungsenergie, da, wie ich in meiner wiederholt erwähnten letzten Lanzettfischarbeit zeige, der Ascidie einige positive Charaktere eigen sind, die dem Lanzettfisch noch fehlen (Mesenchym, Blutzellen, Herz, neuronisiertes Gehirnbläschen). — —

Endlich ist es selbstverständlich, daß die phyletisch wirksamen Neugestaltungen großenteils der Selektion unterworfen sein werden und der Versuch, sie kausal zu erklären, keine Absage an den Darwinismus ist. Insbesondere können sowohl dominante als auch rezessive Mutanten durch die Selektion entweder dezimiert oder bevorzugt werden.

Der vorstehende Versuch, die biometabolischen Modi kausal zu erklären, ist nur tastend. Doch mußte er unternommen werden, da ohne ihn die deskriptive Kennzeichnung der BM es versäumen würde, auf die Vereinheitlichung der Forschung bis zu dem Grade, wie es möglich ist, hinzuwirken. Obwohl wir mancher Frage noch etwas ratlos gegenüberstanden, dürfte im Prinzip sich gezeigt haben, daß historische und kausale biologische Forschung sich weitgehend aufeinander einstellen können. Ich vermute darin ein Anzeichen, daß die Aufstellung der vier biometabolischen Modi dem gegenwärtigen Stande der Forschung adäquat ist. Hauptaufgabe der vorliegenden Arbeit bleibt nicht die Erklärung, sondern die Kennzeichnung der biometabolischen Modi. Ich will auch damit nicht zu anspruchsvoll auftreten. Es handelt sich nur darum, den Inhalt des BG genetisch zu klären und ihn zu ergänzen:

Phyletische Änderungen lassen sich einteilen in folgende vier „biometabolische Modi":
1. Prolongation (Verlängerung),
2. Abbreviation (Abkürzung),
3. je Stadium zunehmende und
4. auf bestimmtem Stadium kulminierende Deviation (Änderung)

der Ontogenese.

In diesen vier verschiedenen Fällen besteht folgendes Verhältnis zwischen einer bestimmten Organismenform und ihrer Ahnenform:

(zu 1) Das Jugendstadium ist dem adulten Ahnenstadium gleich (theoretisch gesprochen; effektiv zwar nur ähnlich, aber näherungsweise größengleich);

(zu 2) das adulte Stadium ist dem Jugendstadium des Ahnen gleich (theoretisch gesprochen; effektiv wieder nur ähnlich und näherungsweise größengleich);

(zu 3) das Jugendstadium ist in erster Linie dem Jugendstadium des Ahnen ähnlich; dem adulten Stadium des Ahnen ist es immerhin ähnlicher als dem eigenen adulten Stadium;

(zu 4) das Jugendstadium ist jedem Stadium des Ahnen unähnlich, also das adulte Stadium dem Ahnen ähnlicher als das abweichende Jugendstadium.

Wie bei diesen verschiedenen Möglichkeiten phyletische Schlußfolgerungen gezogen werden können, wurde auf S. 41 ff. erörtert.

„Die Phylogenie", d. h. die historische Aufeinanderfolge verschiedener adulter Typen in Generationen, ist von Fall zu Fall das Ergebnis von Prolongation, Abbreviation und Deviation der Ontogenese der Ahnen.

Die Ontogenie der Gegenwart versteht sich als Variante der Ontogenie der Ahnen (verlängerte, abgekürzte oder morphologisch veränderte) und ist insbesondere z. B. bei den Wirbeltierstufen in der Hauptsache zu stärkerem Metamorphosieren des Deszendenten abgeändert; daher hier (zu 3) Jugendstadium kurz gesagt „ahnenähnlich".

Jena, im Januar 1927.

SPRINGER-VERLAG BERLIN HEIDELBERG GMBH

Vorträge und Aufsätze über Entwicklungsmechanik der Organismen
herausgegeben von **Wilhelm Roux**

Heft XXI: **Das Kontinuitätsprinzip und seine Bedeutung in der Biologie.** Von **Jan Dembowski.** V, 132 Seiten. 1919. Vergriffen

Heft XXII: **Die Regulationen der Pflanzen.** Von Professor Dr. phil. **Emil Ungerer.** Erschien 1926 in zweiter, erweiterter Auflage als Zehnter Band der „Monographien aus dem Gesamtgebiet der Physiologie der Pflanzen und der Tiere". RM 22.80; gebunden RM 24.—

Heft XXIII: **Restitution und Vererbung.** Experimenteller, kritischer und synthetischer Beitrag zur Frage des Determinationsproblems. Von Professor Dr. **Vladislav Růžička,** Vorstand des Instituts für Allgemeine Biologie und Experimentelle Morphologie der Böhm. Med. Fakultät in Prag. II, 69 Seiten. 1919. Vergriffen

Heft XXIV: **Die quantitative Grundlage von Vererbung und Artbildung.** Von Professor Dr. **Richard Goldschmidt.** (Kaiser Wilhelm-Institut für Biologie, Berlin-Dahlem.) Mit 28 Abbildungen. IV, 163 Seiten. 1920. Vergriffen

Heft XXV: **Teratologie und Teratogenese.** Nach Vorlesungen 1911/1912. Von **Hans Przibram.** IV, 91 Seiten. 1920. Vergriffen

Heft XXVI: **Die Grundprinzipien der rein naturwissenschaftlichen Biologie** und ihre Anwendungen in der Physiologie und Pathologie. Von Dr. **Erwin Bauer,** Prag. IV, 75 Seiten. 1920. Vergriffen

Heft XXVII: **Das Evolutionsproblem und der individuelle Gestaltungsanteil am Entwicklungsgeschehen.** Von Professor Dr. **Franz Weidenreich.** IV, 120 Seiten. 1921. Vergriffen

Heft XXVIII: **Über die Vorstellbarkeit der direkt bewirkten Anpassungen und der Vererbung erworbener Eigenschaften durch das Prinzip der virtuellen Verschiebungen.** Ein Beitrag zur theoretischen Biologie. Von Dr. **Otto Jackmann** in Sangerhausen. Mit 15 Textabbildungen. IV, 123 Seiten. 1922. Vergriffen

Heft XXIX: **Die allgemeine Biologie als Lehrgegenstand des medizinischen Studiums.** Ein Gutachten vorgelegt den Regierungen Mitteleuropas. Von Professor Dr. **Vlad. Růžička** in Prag. II, 30 Seiten. 1922. Vergriffen

Heft XXX: **Die Prinzipien der Streifenzeichnung bei den Säugetieren,** abgeleitet aus Untersuchungen an den Einhufern. Von Dr. phil. et med. **Hans Krieg** in Tübingen. Mit 58 Abbildungen im Text. IV, 102 Seiten. 1922. RM 5.—

Heft XXXI: **Die Geltung der von W. Roux und seiner Schule für die ontogenetische Entwicklung nachgewiesenen Gesetzmäßigkeiten auf dem Gebiete der phylogenetischen Entwicklung.** Ein Beitrag zur Theorie der Stammesentwicklung (Theorie des phylogenetischen Wachstums). Von **Hermann Kranichfeld.** IV, 92 Seiten. 1922. RM 4.50

Heft XXXII: **Formen und Kräfte in der lebendigen Natur.** Beitrag VII zur synthetischen Morphologie. Von Professor Dr. **Martin Heidenhain,** Vorstand des Anatomischen Instituts zu Tübingen. Mit 22 Abbildungen. VI, 136 Seiten. 1923. RM 5.60

Heft XXXIII: **Gegenwärtige Anschauungen über den Neurotropismus.** Von Dr. **J. Francisco Tello** in Madrid. Mit 15 Abbildungen im Text. Aus dem Spanischen übersetzt von Dr. E. Herzog, Heidelberg. 73 Seiten. 1923. RM 6.—

Heft XXXIV: **Vitalismus und Pathologie.** Von Dr. **Bernh. Fischer,** o. Professor der Allgemeinen Pathologie und Pathologischen Anatomie, Direktor des Senckenbergischen Pathologischen Instituts der Universität zu Frankfurt a. M. 173 Seiten. 1924. RM 8.40

MIX
Papier aus verantwortungsvollen Quellen
Paper from responsible sources
FSC® C105338

If you have any concerns about our products,
you can contact us on
ProductSafety@springernature.com

In case Publisher is established outside the EU,
the EU authorized representative is:
Springer Nature Customer Service Center GmbH
Europaplatz 3, 69115 Heidelberg, Germany

Printed by Libri Plureos GmbH
in Hamburg, Germany